AF727274

animal Learn® VERLAG

Angsthunde

Bettina Specht

© 2015 Bettina Specht, animal learn Verlag
Alle Rechte, insbesondere das Recht der Vervielfältigung, Verbreitung und Übersetzung, vorbehalten. Kein Teil des Werks darf in irgendeiner Form (durch Fotokopie, Mikrofilm oder ein anderes Verfahren) ohne schriftliche Genehmigung reproduziert oder unter Verwendung elektronischer Systeme verarbeitet, vervielfältigt oder verbreitet werden.
Die Rechte für die Fotos liegen bei den jeweiligen Urhebern.

ISBN 978-3-936188-68-4

Lektorat: Susanne Artmann
Fotos: Bettina Specht, Pixelio, istockphoto, Photocase, Fotolia
Satz & Layout: Annette Gevatter, Riegel a.K.
Druck: FINIDR, s.r.o., Cesky Tesín, Tschechische Republik

Alle Rechte der deutschen Ausgabe:
animal learn Verlag, Am Anger 36, 83233 Bernau
E-Mail: animal.learn@t-online.de, www.animal-learn.de

Inhalt

Angst macht das Leben AUS! 5

Angst und Furcht – Definitionen 8
- Angst 8
- Ängstlichkeit 10
- Furcht 10

Wie kommt die Angst in den Kopf? 11
- unkonditionierte Auslöser 11
- konditionierte Auslöser 12

Angst von außen betrachtet 15
- Die Reaktionsebenen von Angst 15
- Die Stressreaktion 16
- Körpersprache und Verhalten bei Angst 22
- Die Beschwichtigungssignale des Hundes 23
- Zusammenhang von Angst und Schmerz 25
- Verhalten bei Angst 26

Angststörungen 32

Die Neurobiologie der Angst 34
- Das einfache dreiteilige Gehirnmodell 36
- Das limbische System 40
- Der Schaltkreis der Angst 43
- Angst und Neurotransmitter 46

Erste Hilfe bei Angsthunden 51
- Schmerzfreiheit sicherstellen 53
- Rückzugsmöglichkeiten aussuchen lassen 53
- Futter/ Ernährung 54
- Kauartikel 55
- Schlaf- und Ruhebedürfnis 56
- Spazierengehen 57
- Rituale und Strukturen 58
- Zeit, Zeit und noch mal Zeit 58
- Ein Tagebuch führen 59
- Empathie 61

Trainingsmaßnahmen bei Angst 63
- Aufbau des Selbstvertrauens und Steigerung des Wohlbefindens 66
- Welche Trainingsmethoden gibt es bei Angst? 74
  - Systematische Desensibilisierung 74
  - Habituation 78
  - Flooding 79
  - konditionierte Entspannung 80
  - Ritualisierung 83
- Nützliche Signale bei einem Angsthund 83
  - „schau mal her" – Herankommen ohne Vorsitzen 84
  - „auf die Seite" 85
  - Stopp 85
  - Aufbau eines Umkehrsignals 86

Die menschliche Komponente im Angsthundetraining 88

Zubehör und andere Hilfsmittel 91
- Brustgeschirr für Angsthunde 91
- Die Leine für den Angsthund 99
- Was sonst noch helfen kann 101
  - Ein GPS-Sender 101
  - Ein Sicherungshalsband 102
  - Körperbandage, Thunder-Shirt oder Mantel 102
  - Naturheilkunde und Angst 103
  - Ernährung und Angst 106
  - Entspannung über Musik oder Duft 109
  - Entspannung über Berührung 111
  - Kastration und Angst 113

Der entlaufene Angsthund 115

Angst macht das Leben aus 124

Danksagung 126

Literaturverzeichnis 127

Angst macht das Leben AUS!

Ein Buch über Angst bei Hunden, das entstanden ist, weil dieses, jetzt stolze Wesen auf dem Foto in mein Leben getreten ist – meine Hündin Nisha. Nun macht ein Angsthund noch kein Buch und keinen breiten Erfahrungsschatz aus, es folgten aber weitere: Jamie, Cesar, Noah, Jesse und viele Kundenhunde – allen voran Sam. Er ist ein Hund, der aus Angst Hände „tackert". All diese Hunde und nicht zuletzt die eigenen Ängste haben Angst zu einem beherrschenden Thema in meinem Leben gemacht.

Aber zurück zu Nisha: Ich habe sie im Alter von einem Jahr aus einem italienischen Tierheim geholt und nach Tirol gebracht. Angekommen in meiner Wohnung zog sie sich in das hinterste Eck meiner Wohnung hinter eine Yuccapalme zurück. Von dort war sie nicht mehr wegzubewegen. Sie hatte Angst vor Geräuschen und allem Unbekannten, selbst vor der Wasserschüssel. Gefressen wurde nur vom Boden, meine Hand, die sie streicheln wollte, war ein Albtraum für sie. An das Anziehen von Brustgeschirr oder Leine war gar nicht zu denken, ein Spaziergang war unmöglich. So habe ich in den ersten Wochen Nisha zu einer Bank getragen und wir haben die Landschaft angeschaut. Oder besser formuliert: Nisha hat am ganzen Körper gezittert und ich habe versucht, mit möglichst souveräner Ausstrahlung, die sich auf den Hund übertragen sollte, die Landschaft anzuschauen. Möglicherweise erkennt sich der ein oder andere Leser in dieser Situation wieder.

Wenn ein Hund in einem solchen Zustand ist, macht Angst das Leben AUS. Wie bei einem Lichtschalter wird die Lebensfreude, das Lebenslicht ausgeknipst. Der Hund ist so gelähmt, dass gar nicht mehr gelebt wird. Hier liegt es in unserer Verantwortung, wieder Lebensqualität zu schaffen und dem Hund wieder auf die Pfoten zu helfen.

Mit Nisha begann eine Odyssee durch Hundeschulen, Besuche von Seminaren und das Durchforsten zahlreicher Bücher – auf der Suche nach der Lösung unseres Problems. Meine Erwartungshaltung war klar. Ich wollte eine Anleitung finden, die mir konkret in Einzelschritte unterteilt sagt, was ich tun muss. Eine Art Kochrezept, wie ich Nisha die Angst vor der Wiese und den vielen anderen Angstauslösern nehmen könnte. Welche Maßnahme muss ich zum Beispiel einleiten, wenn ein lauter Knall sie erschreckt? Gefunden habe ich jede Menge guter und schlechter Ratschläge! Und auch viele Trainer, die ihre jeweilig einzigartige Methode auf jedes erdenkliche Problem anwenden. So ist zum Beispiel „Ignorieren" ein gern vorgeschlagenes Rezept. Wenn es nicht klappt, ist der Mensch schuld. Nun stellen wir uns aber mal vor, wir haben Angst vor einer größeren Zahnoperation. Unser Partner bemerkt dies und beginnt uns deshalb konsequent zu ignorieren.

Jeglicher Sozialkontakt wird unterbunden, denn dieser verstärkt ja angeblich unsere Angst. Sie halten das für absurd? Ja, das ist es auch! Wenn mein Partner beginnt, mich zu ignorieren, wenn ich Angst habe, ist das für mich ein Trennungsgrund. Nur leider können unsere Hunde angesichts eines solchen Verhaltens nicht einfach ausziehen.

Der zweifellos gruseligste Vorschlag war der meines Nachbarn, der mir angeboten hatte, Nisha zu erschießen, damit ich mir dann einen ordentlichen Welpen der Rasse Deutscher Schäferhund zulegen kann. Von da an war mein Kampfgeist geweckt und ich beschloss, diesem Hund Boden unter den Pfoten zu verschaffen und meinem Nachbarn „aufs Pferd zu helfen".

! Das Wichtigste, das ich lernen musste, war, dass Angst eine der vielfältigsten und individuellsten Emotionen ist, die es gibt. Die Idee, Angst mit einem Kochrezept zu beseitigen, ist absurd. Das weiß ich heute. Menschen und Tiere sind keine beliebig konditionierbare Biolebendmasse. Die Angst eines Hundes erfordert vom Halter, Trainer und allen anderen Beteiligten viel Einfühlungsvermögen, Kreativität, Zeit und Wissen.

Einen Zugang zur Angst bekommt man nur, wenn man versteht, was bei Angst überhaupt in Kopf und Körper passiert. So sollte man wissen, dass in einer akuten Angstsituation die Nahrungsaufnahme im Hirn blockiert wird. Jede Trainingsmethode, bei

der man einen Hund bei Angst füttern soll, ist deshalb zum Scheitern verurteilt. Eine richtige Panikattacke dauert 20 Minuten. In dieser Zeit ist weder Mensch noch Hund in irgendeiner Form ansprechbar. Unsere Aufgabe ist es dann, einfach „nur“ da zu sein und weiteres Unglück zu verhindern.

Nur wenn man Angst versteht, kann man Trainingsideen entwickeln und diese sind genauso individuell wie die jeweilige Angst des Hundes. In diesem Buch wird es also keine Rezepte, sondern viel Wissen rund um das Thema Angst geben, das Sie in die Lage versetzen soll, Trainingsmethoden zu beurteilen und eigene Ansätze zu finden. Natürlich gibt es auch Ideen für die ein oder andere Form der Angst. Diese sind aber nicht als Patentrezept zu verstehen, sondern wirklich als Ideengeber. Vielleicht funktionieren diese Ansätze genau so bei Ihrem Hund, vielleicht müssen Sie aber auch umdenken und einen Ansatz entwickeln, der etwas anders aufgebaut ist.

Die gute Nachricht ist sicher die, dass Angst dem Leben auch die richtige Würze gibt. Das Hochgefühl, wenn man eine Angst überwunden hat, ist unvergleichlich. Die Stärke, die daraus resultiert, macht das Leben aus. Unnötig zu erwähnen, dass das gemeinsame Überwinden der Angst zu einer vertrauensvollen Bindung führt, die ebenfalls das Leben ausmacht. Zwischen Nisha und mich passt kein Blatt. Und deshalb gibt es dieses Buch – eine Hilfestellung, um genau das für Sie und Ihren Hund zu erreichen. Es ist ein Buch für Menschen mit ihren Angsthunden und für alle Hundeinteressierten. Steigen wir also ein mit der Frage: Was ist Angst eigentlich?

Angst und Furcht – Definitionen

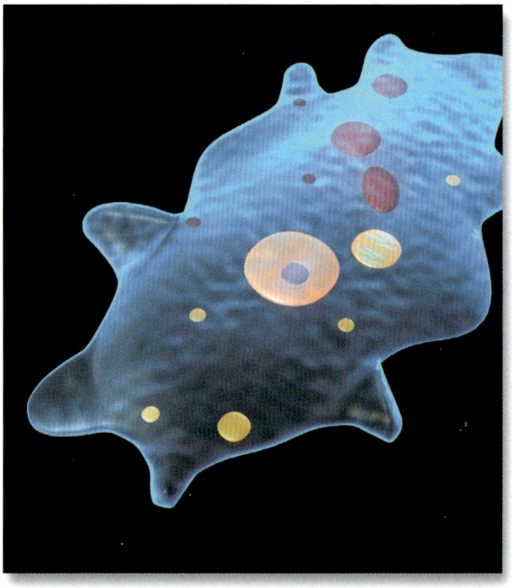

„17 Millionen Menschen im deutschsprachigen Raum leiden regelmäßig an unbegründeten Ängsten, davon geht Borwin Bandelow, Präsident der Gesellschaft für Angstforschung aus."[1]

Laut Statistik leidet jeder 7. Europäer unter krankhafter Angst - mit steigender Tendenz. Jeder, der mit Tieren arbeitet, konnte und musste in den letzten Jahren leider feststellen, dass sich dieser Trend auch bei unseren Haustieren bemerkbar macht.

Angst

Angst – was ist das eigentlich? Je mehr man sich mit der Frage beschäftigt, desto schwieriger wird es, sie zu beantworten. Jeder hat manchmal Angst und empfindet sie sehr individuell. So gibt es Leute, die fürchten sich vor Hunden und andere finden das lächerlich. Anderen wird angst und bange in einem engen Fahrstuhl, und Angst vor Krankheit oder Tod hat fast jeder schon einmal verspürt. Jeder hat seine persönliche Liste von Dingen, Situationen und Ereignissen, die ihm Angst einjagen. Betrachte ich die Hunde, die gerade um mich herumliegen, während ich diese Zeilen schreibe, so wären sie nicht bei uns, wenn sie keine Angst gehabt hätten. Einige von ihnen sind italienische Straßenhunde - ohne eine gesunde Portion Angst hätten sie auf der Straße nicht überlebt.

1 „Nur Mut" Focus 20/2013

Angst ist ein Geschenk der Evolution, denn Angst zu haben ist ein Urinstinkt. Angst hilft, Gefahren zu erkennen und ihnen auszuweichen. Schon Amöben, die kleinen Einzeller, die wir in der Schule unter dem Mikroskop anschauen durften, weichen der Gefahr aus. Tropft man Säure in das Wasser, in dem sich eine Amöbe aufhält, entfernt sie sich sofort von der Säure. Pascal Fossat konnte nachweisen, dass sogar die wirbellosen Flusskrebse echte Furcht empfinden. Nachdem diese Tiere lebendig gekocht werden, fügte er hinzu, dass „diese Kochgeschichte ein gewisses kulturelles Unbehagen mit sich trägt". (Fossat 2014)

Zu einem Problem wird Angst dann, wenn sie die Lebensqualität entscheidend beeinträchtigt. Die Angst vor Hunden wird zum Beispiel so groß, dass man nur noch nachts spazieren geht. Menschenmassen ängstigen einen so sehr, dass man nicht mehr einkaufen kann. Für die Hundetherapie gilt, dass Angst dann zu einem Problem wird, wenn die Angst des Hundes die Lebensqualität von Mensch und/ oder Hund so beeinträchtigt, dass ein normaler Tagesablauf nicht mehr gewährleistet ist.

Die Begriffe rund um die Angst sind vielfältig. Nehmen wir das Beispiel, dass ein Hund Angst vor dem Autofahren hat. Jeder Halter wird dieses Verhalten anders beschreiben. Hier ein Auszug möglicher Beschreibungen:

- Luna hat im Auto Panikattacken.
- Cesar hat eine Autophobie.
- Rambo ist vom Autofahren traumatisiert.
- Kira hat Angst vor dem Auto.
- Trixi rastet im Auto total aus.
- Finn fürchtet sich vor dem Auto.

Umgangssprachlich werden diese Begriffe alle ohne großes Hinterfragen verwendet. In der Angstforschung und -therapie sind sie sehr wohl unterschiedlich definiert. Angst ist kein Trauma und eine Phobie ist etwas ganz anderes als Furcht. Es lohnt sich, diese verschiedenen Begrifflichkeiten genauer zu betrachten.

Ein Blick in den Duden bringt erste Klarheit. Der Begriff Angst ist von dem lateinischen Wort „angustia" abgeleitet, das Enge, Klemme oder Schwierigkeiten bedeutet. Dieser Begriff trifft im doppelten Sinne zu. Stellen Sie sich vor, Sie müssen in einer Höhle durch einen engen Gang oder Kamin kriechen. Diese Enge macht Ihnen Angst. Sie bekommen kaum Luft und machen die Enge des Tunnels dafür verantwortlich. Ihr Herz pocht so stark, dass Sie glauben, der Brustkorb ist zu eng. Die Enge im Brustkorb macht noch mehr Angst, die Atemnot wird größer, der Herzschlag wird noch schneller und ein Teufelskreis beginnt. Wir reagieren übrigens alle in der gleichen Weise. Durch Bewegung und Wegdrücken (Angriff) versuchen wir uns Platz zu verschaffen und dann nichts wie weg (Flucht). Die schlechteste Variante ist, dass wir starr vor Angst werden und uns gar nicht mehr bewegen können.

Angst ist also

- ein uraltes Überlebensprogramm
- mit dem Ziel der Distanzvergrößerung zu bedrohlichen Reizen.

Die Distanz ist beim Thema Angsthunde einer der wichtigsten Begriffe, denn Angst dient der Distanzvergrößerung. Will man also Angst bewältigen, muss man in ausreichend großer Distanz mit einem Training beginnen und die Distanz Schritt für Schritt

Angst und Furcht sind ein biologisch angelegtes Reaktionsmuster zur Wahrnehmung, Bewältigung und Vermeidung von Gefahren und Bedrohungen und haben damit eine sinnvolle Schutzfunktion. Angst und Furcht stellen ein Problem dar, wenn sie überhandnehmen und die Lebensqualität von Hund oder Mensch beeinträchtigen. Ist dieses Stadium erreicht, spricht man von Angststörungen, auf die wir in einem späteren Kapitel eingehen.

verkleinern. Aber dazu später mehr. Jetzt geht es zunächst einmal zu weiteren Definitionen rund um das Thema Angst.

Ängstlichkeit

Unter Ängstlichkeit versteht man die Tendenz eines Tieres, auch des menschlichen Säugetieres, Situationen, Menschen oder Objekte eher als bedrohlich zu empfinden als andere Individuen der gleichen Art.

Ängstlichkeit ist also ein zeitüberdauerndes Persönlichkeitsmerkmal. Ich selbst gehöre durchaus zu dieser Art Säugetier. Weil ich nicht so gerne fliege, hatte mein Lebenspartner die Idee, eine Kreuzfahrt zu unternehmen. Genialer Einfall! Allerdings habe ich sofort darüber nachgedacht, dass man bei der Buchung einer Balkonkabine mit Meerblick das Schiff im Ernstfall besser verlassen kann. Ich bin also im Vergleich zu meinem Partner eher ängstlich.

In jeder Population gibt es übrigens eine Mischung aus eher ängstlichen, normal veranlagten bis hin zu mutigen Individuen. Das ist evolutionsbiologisch auch sinnvoll, denn je nach Umweltsituation braucht es den vorsichtigen oder eher den forschen Typ. Im Fall einer Schiffshavarie hätte ich zum Beispiel einen deutlichen Überlebensvorteil gegenüber meinem Partner gehabt, im Normalfall wirke ich aber eher lächerlich. Der Straßenhund, der ängstlich auf Autos reagiert, hat einen deutlichen Überlebensvorteil gegenüber dem Hund, der Autos mutig jagt bzw. attackiert.

Furcht

Die wissenschaftliche Literatur unterscheidet auch zwischen den Begriffen Furcht und Angst. Furcht richtet sich immer auf konkrete Objekte, Situationen und Personen. Der Hund fürchtet sich vor der Spritze beim Tierarzt oder vor der lauten Stimme des Nachbarn. Er fürchtet Personen, Objekte und Situationen, die ihm gefährlich erscheinen oder die die Erinnerung an etwas Gefährliches auslösen.

Angst hingegen ist eher ein diffuses Gefühl der Bedrohung, das nicht auf ein bestimmtes Objekt oder eine Person ausgerichtet ist. Die meisten Menschen kennen Situationen, in denen man sich unwohl oder sogar beobachtet bzw. verfolgt fühlt; zum Beispiel, wenn man bei Nebel in einem unbekannten Wald spazieren geht. Wird man dann gefragt, wovor man denn eigentlich Angst hat, kann man das nicht konkret benennen. „Es ist halt so ein blödes Gefühl!", würde der Befragte antworten. Die Wissenschaft bezeichnet diesen Zustand als Angst.

! Umgangssprachlich hingegen werden Angst und Furcht in der Regel nicht unterschieden. Für ein Training oder eine Therapie ist es allerdings ein entscheidender Unterschied, ob sich der Patient vor etwas konkret Greifbarem fürchtet oder ob er ein ungerichtetes Angstgefühl hat. Ist das Angstobjekt bekannt, kann man den Hund in kleinen Schritten desensibilisieren. Bei einem ungerichteten Angstgefühl muss man das Vertrauen des Hundes in sich selbst und in seinen Menschen so stärken, dass Angstsituationen immer einfacher bewältigt werden können.

Der Einfachheit halber verwende ich für den Rest des Buches den umgangssprachlichen Begriff „Angst". Er ist uns allen geläufiger als der Begriff Furcht. Allerdings müssen wir den Unterschied zwischen Furcht und Angst beim Training und der Methodenwahl sehr wohl bedenken und im Hinterkopf behalten.

Wie kommt die Angst in den Kopf?

Die nächsten Fragen, die sich stellen, sind:

- Wie bekommt man Angst?
- Was genau passiert da?
- Warum wird Angst so unterschiedlich erlebt?

Unkonditionierte Auslöser

Die Wissenschaft unterscheidet unkonditionierte und konditionierte Angstauslöser. So gibt es Reize, die quasi von Haus aus Angstreaktionen auslösen, weil sie irgendwann in der Entwicklungsgeschichte des Menschen und der Tiere gefährlich waren bzw. bedrohlich wirkten. Mäuse oder Ratten, die im Labor leben und noch nie eine Katze gesehen haben, zeigen schon bei der Wahrnehmung des Katzengeruchs eine Angstreaktion. Bei einem Zoobesuch in Leipzig machte sich mein erster Hund in der Nähe der Raubkatzenkäfige ganz klein und ging nur im Kriechgang weiter, obwohl sicher ist, dass er nie zuvor einem Löwen begegnet ist. Eine solche Angstreaktion ist also genetisch verankert und damit unkonditioniert.

Typische unkonditionierte Angstauslöser bei Mensch oder Tier sind:

- Schmerz
- Höhe
- schnelle Bewegungen, die auf das Individuum zukommen
- laute Geräusche wie zum Beispiel Explosionen oder Lawinendonnern

- Feuer und Brandgeruch
- plötzlich auftretende Reize, wie zum Beispiel wenn jemand aus dem Gebüsch springt
- ungewöhnliche Reizintensitäten, wie zum Beispiel bei einem Erdbeben usw.

Interessanterweise treten viele dieser Ängste bei uns Menschen erst mit zunehmendem Alter auf. So kann man als Kind wie eine Gams durch die Berge klettern und von einem Tag auf den anderen ist sie da – die Höhenangst. Die Wissenschaft kann bis zum jetzigen Zeitpunkt nicht erklären, warum gewisse evolutionsbiologische Voreinstellungen erst früher oder später greifen. Wir kennen dieses Phänomen auch bei unseren Hunden. So ist Nisha sicher über vier bis fünf Jahre locker über Hängebrücken und Balken balanciert, im Alter von ca. acht Jahren hatte sie plötzlich Angst vor allen Geräten, die in irgendeiner Form mit Höhe zu tun hatten. Diese Urängste können also plötzlich bei unseren Hunden auftreten und müssen in keinem Zusammenhang mit einer schlechten Erfahrung stehen.

Konditionierte Auslöser

Bei einer konditionierten Angstreaktion wird ein an sich neutraler Reiz mit der Emotion Angst verknüpft. Ich habe mir zum Beispiel bei einer Bergtour das Sprunggelenk gebrochen. Auf einem steilen Weg kam ich auf dem Schotter ins Rutschen – leider stolperte ich in ein Loch und knickte unglücklich um. Das Geräusch von rollendem Schotter unter meinem Schuh erzeugt noch immer eine Angstreaktion bei mir und ich muss mich extrem zusammennehmen, um solche Passagen zu bewältigen. Der Schmerz und das Knacken des Knochens werden sofort in Erinnerung gerufen und sind wieder spürbar.

TRAININGSTIPP: Bei Angstreaktionen muss auch immer an Geräusche, Gerüche oder Berührungen gedacht werden. Wir Menschen priorisieren aber häufig die optischen Reize, weil sie unserer Wahrnehmung mehr entsprechen. Der Hund ist allerdings ein Nasentier. Wenn ein Hund Angst vor Bienen hat, kann der Anblick der Bienen, das Summen, der Geruch oder der Stich der Angstauslöser sein. Zumindest einem dieser Angstauslöser, dem Geruch, kann der Mensch aber nicht folgen, weil ihm die olfaktorischen Fähigkeiten dazu fehlen. Hunde, die Angst vor Personen haben, machen dies häufig am Geruch fest. So kann der Hund zum Beispiel Nikotin oder Alkohol, aber auch einen bestimmten Körpergeruch oder eine bestimmte Parfümduftnote mit der Emotion Angst verknüpft haben. Dunkel gekleidete Personen sind also gar nicht so häufig, wie man denkt, die Angstauslöser, sondern oft ist es auch ein Geruch, den wir gar nicht wahrnehmen können und auf den wir nur aufgrund sehr genauer Beobachtung Rückschlüsse ziehen können.

Die Angstforschung boomt die letzten Jahre und viele Erkenntnisse zum Thema

Angst stammen aus Tierexperimenten. Die Ergebnisse werden also vom Tier auf den Menschen übertragen, und da der Mensch ein Säugetier ist, wird diese Übertragung auch als zulässig betrachtet. Obwohl die Angstforschung mit Hunden noch in den Kinderschuhen steckt, erlaube ich mir in diesem Buch, die Ergebnisse aus den Tier- oder Menschenversuchen auf den Hund zu übertragen. Dieser Schritt ist zwar nicht hundertprozentig wissenschaftlich abgesichert, aber, wenn es um ein besseres Verstehen von Angst bei Hunden geht, sicher vertretbar.

Zur Angstkonditionierung gibt es zahlreiche Experimente, vorzugsweise mit Mäusen oder Ratten. Einer Maus wird zehn Sekunden lang ein bestimmter Ton vorgespielt und kurz vor dem Ende gibt es einen Stromschlag. Mit zwei Trainingseinheiten à sechs Stromschlägen hatte die Maus ihre Lektion gelernt. Der Ton wird mit Schmerz assoziiert. Über im Gehirn implantierte Elektroden erkennt man den hierbei aktiven Gehirnteil: das limbische System, das uns noch sehr häufig begegnen wird, und sicher die Hauptrolle in diesem Buch spielt.

Die Liste der konditionierten Angstauslöser ist unendlich und absolut individuell. Die konditionierte Angstreaktion ist also immer auch ein erlerntes Verhalten und es gelten die Prinzipien der Lerntheorie.

Ein unerwünschtes erlerntes Verhalten ist grundsätzlich löschbar. Dies gilt auch für die konditionierte Angstreaktion. Konfrontiert man Menschen oder Tiere mit ihrer Angst, lernen sie, dass das Angstgefühl auch nachlässt, wenn man nicht wegläuft. Der entscheidende Punkt ist also ein verändertes Verhalten in der angstauslösenden Situation. So können wir dem Hund zum Beispiel in einer angstauslösenden Situation ein Alternativverhalten zeigen und das konditionierte Angstverhalten löschen. Hierzu später mehr bei den Trainingsmaßnahmen.

Zurück zu der Maus: Folgt auf den konditionierten Ton kein Stromschlag mehr, zeigt die Maus nach einigen Trainingseinheiten keine Angstreaktion mehr. Nachdem der Unterschied zwischen Mann und Maus nicht wirklich groß ist, macht diese Erkenntnis Mut.

Für Menschen mit Höhenangst oder Spinnenphobien gibt es mittlerweile Sichtgeräte, die unseren Augen eine realistische Angstsituation vorspielen – quasi eine vir-

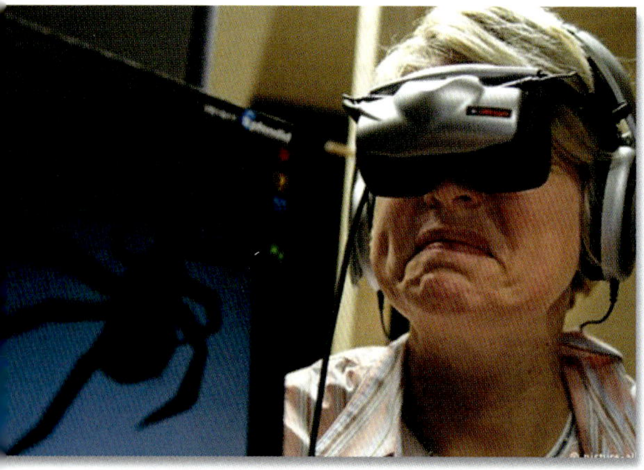

tuelle Angstwelt. So hat man das Gefühl, an einem Abgrund zu stehen oder dass die Spinne auf einen zukrabbelt. Für jemanden, der wirklich Angst hat, reicht diese virtuelle Angstwelt aus, um die Angstreaktion auszulösen. Die Menschen können in kleinen Trainingseinheiten lernen, dass die Angst nachlässt und können in Folge wieder die Aussicht vom nächsten Fernsehturm genießen. Bis zur Entwicklung des Sichtgerätes für Hunde wird es noch etwas dauern, wir Menschen können aber die Umweltsituationen für den Hund kreativ gestalten, um an speziellen Ängsten zu arbeiten. Hat der Hund zum Beispiel Angst, über einen Balken zu balancieren, dann liegt der Balken zunächst am Boden und wird dann in kleinen Schritten höher gesetzt. Wichtig ist es, in Minischritten zu arbeiten, denn viele Angsttrainings scheitern an für das Tier zu großen Übungsschritten, die von Menschen kreiert wurden, die diese Angst nicht haben und auch nicht ausreichend nachempfinden können. Mangelnde Zeit und ungeduldige Menschen sind ebenfalls ein häufiger Grund für das Scheitern von Angsttrainings.

Nachdem die Angstforschung – wie schon erwähnt – boomt, gibt es auch schon Experimente mit Mäusen, die zeigen, dass Angst vererbt werden kann. Brian Dias und Kerry Ressler, zwei Forscher aus Atlanta, haben Mäuse einem Kirschblütenduft ausgesetzt und ihnen dabei kleine Elektroschocks verabreicht. So lernten die Mäuse Angst vor Kirschblütenduft zu haben. Nach diesen Experimenten wurde mit diesen Mäusen gezüchtet. Die direkten Nachkommen und auch deren Nachkommen reagierten auf Kirschblütenduft mit Angst.

Die Untersuchungen der Mäuse zeigten weiterhin, dass bestimmte Hirnregionen verändert waren. Interessanterweise die Hirnregion, die für die Verarbeitung von Gerüchen zuständig ist. Dieser Zusammenhang wird noch einmal wichtig sein, wenn wir uns den großen Akteur im Gehirn in Sachen Angst anschauen – das limbische System.

Wichtig ist es, in Minischritten zu arbeiten, denn viele Angsttrainings scheitern an für das Tier zu großen Übungsschritten, die von Menschen kreiert wurden, die diese Angst nicht haben und auch nicht ausreichend nachempfinden können. Mangelnde Zeit und ungeduldige Menschen sind ebenfalls ein häufiger Grund für das Scheitern von Angsttrainings.

Ist man bis dato davon ausgegangen, dass wir es lediglich mit unkonditionierter oder konditionierter Angst zu tun haben, werden mit Erscheinen dieses Artikels die Wege der Angst in den Kopf um einiges vielfältiger – denn nun weiß man, dass Angst auch vererbt werden kann. Diese Erkenntnis ist natürlich ein wesentlicher Faktor für die Hundezucht! Die Zucht mit Angsthunden verbietet sich damit von selbst. Überdenkt man dies bezogen auf die Situation in den Massenzuchtanstalten oder Hundehöllen überall auf der Welt, ist die Angstvererbung sicher auch eine Erklärung für die momentan drastisch ansteigende Zahl von Angsthunden.

An dieser Stelle bleibt festzuhalten:

- es gibt Urängste – quasi Voreinstellungen der Evolution
- es gibt erlernte Ängste
- und es gibt nach heutigem Wissensstand auch vererbte Ängste

Je mehr Informationen man also über den Hund sammeln kann, umso besser kann man Angstauslöser identifizieren und dann entsprechende Trainingsideen entwickeln. Jetzt wissen wir, wie die Angst in den Kopf kommt. Nun beschäftigen wir uns mit der Frage, wie man sie – von außen betrachtet – erkennen kann.

Angst von außen betrachtet

Die Reaktionsebenen der Angst

Angst zeigt sich immer auf verschiedenen Reaktionsebenen des Körpers. Schauen wir uns diese Reaktionsebenen zunächst mal bei uns selbst an, zum Beispiel bei der Prüfungsangst. Es gibt eine spürbare körperliche Reaktion kurz vor der Prüfung. Man ist angespannt, hat ein komisches Gefühl im Magen und kann nichts essen. Wer von Prüfungsangst geplagt ist, muss vor Beginn der Prüfung auf jeden Fall noch einmal zur Toilette, geht unruhig auf und ab und versucht eventuell, den Prüfungsort zu verlassen (Flucht). Die Gedanken kreisen um ein mögliches Versagen und ob man sich nicht doch noch krank melden sollte. Zum Gefühl der Angst kommen andere Gefühle hinzu: Wut darüber, nicht genug gelernt zu haben, Verzweiflung über das womöglich zu

erwartende Versagen und Neid gegenüber denjenigen, die vollkommen gelassen dasitzen und sich freuen, gleich einmal zeigen zu können, was sie drauf haben.

Angst setzt sich also immer aus der körperlichen Reaktion, dem beobachtbaren Verhalten und den Gedanken oder Gefühlen in der Angstsituation zusammen.

Man unterscheidet deshalb die folgenden drei Ebenen:

körperliche oder physiologische Ebene
- Erregung des sympathischen Teils des autonomen Nervensystems, Hemmung des parasympathischen Teils
- schnellere Atmung, Zittern, Herzklopfen, Erschlaffung der Blasenwandmuskulatur, Schweißausbruch etc.

verhaltensmäßig-motorische Ebene
- Flucht und Vermeidungsverhalten
- Erstarren
- Angriff
- Veränderungen der Körpersprache, Mimik und Gestik

subjektiv-kognitive (verbale) Ebene
- Erleben von Spannung und Panik mit unterschiedlichen Emotionen
- Gedanken der Bedrohung, Hilflosigkeit, Wut

Diese drei Ebenen finden sich so auch bei den Tieren. Die physiologische Ebene und das Verhalten kann man gut beobachten, aber ihre Gedanken und Gefühle teilen uns die Tiere nicht verbal mit, weshalb das Therapiegespräch mit Hunden wegfällt. Allerdings kann man von der Körpersprache und Mimik viel über die Gedanken und Gefühle der Tiere ablesen. Bei der Arbeit mit einem Angsthund ist es unverzichtbar, die Perspektive zu wechseln und sich in den Hund hineinzuversetzen. Helfen können dabei Werkzeuge wie die „Dog Empathy Map“ und das Angsttagebuch, auf die ich später noch genauer eingehen werde.

Diese Ebenen können, aber müssen nicht gleichzeitig auftreten und sind auch je nach Individuum unterschiedlich ausgeprägt. Schauen wir uns zunächst einmal die physiologische Reaktionsebene näher an.

Die Stressreaktion

Die physiologische oder körperliche Reaktion ist die Stressreaktion, von der schon Darwin sprach. In seinen Augen war sie der Motor der Evolution und er prägte den Ausdruck: „Survival of the Fittest“. Lebewesen sind immer gezwungen, sich an veränderte Umweltbedingungen anzupassen. Erfolgt diese Anpassung nicht, sterben sie früher oder später aus. „Survival of the Fittest“ bedeutet im Sinne von Darwins Evolutionstheorie das Überleben der am besten angepassten Individuen.

Mit der Entwicklung der Wirbeltiere sind die Gehirne flexibler geworden. Zur Erklärung dieser Aussage vergleicht Gerald Hüther in seinem Buch „Biologie der Angst" unser genetisches Programm mit einem Computerprogramm. Im Zuge der Fortpflanzung blieb das Programm nie ganz gleich und wurde immer größer. Er beschreibt unsere genetischen Programme wie folgt: „Sie hatten also die Eigenschaft, die wir an unseren Computerprogrammen nicht so sehr schätzen, sie waren fehlerfreundlich. Und sie machten noch etwas, was Computerprogramme nicht machen sollen, sie vermischten sich ständig mit anderen, ähnlichen Programmen."

Die Individuen haben sich also immer ein klein bisschen verändert und mit ihnen das Gehirn. Möglich macht diese Gehirnveränderung die Stressreaktion, denn das Gehirn reagiert auf Umweltveränderungen mit der Freisetzung von Stresshormonen. Diese mobilisieren den Körper und helfen so, bedrohliche Situationen kurzfristig zu lösen. In dieser Funktion sichern die Hormone das Überleben. Bleibt aber die Umweltveränderung dauerhaft bestehen, bringt die Stressreaktion keine Entlastung und der Stress wird zum Dauerstress, was Krankheit oder Tod zur Folge haben kann. Wir erleben aber im Alltag auch andere Lösungsmechanismen der Natur. Ein Mechanismus, der sich im Laufe der Evolution entwickelt hat, ist die Flucht in eine ökologische Nische. Das ist ein Lebensraum, in dem ein Individuum entsprechend seiner Bedürfnisse und Fähigkeiten (über)leben kann. Die Galapagosinseln sind so eine ökologische Nische. Die Zivilisation ist hier außen vor geblieben und so konnten viele Tierarten überleben, die sich anderswo nicht hätten anpassen können.

Auch die bei uns heimischen Spechtarten haben sich spezialisiert und ökologische Nischen besetzt. Sie unterscheiden sich in ihrem Aussehen (Größe, Schnabellänge, Bau der Zunge) und in ihrem Aufenthaltsort. Diese Unterschiede entscheiden beispielsweise über die Art und Größe der Nahrung und den Ort der Nahrungssuche. Der Wettbewerbsdruck und der damit verbundene Stress werden durch die Spezialisierung weitgehend genommen.

Ein anderer Mechanismus ist die Nutzung des Dauerstress. So konnte die moderne Forschung belegen, dass die Stresshormone alte Nervenschaltungen auflösen und Platz für neue Nervenwege (neuronal pathways) machen. Das klingt jetzt simpel, ist aber sehr spannend und bedarf deshalb durchaus näherer Betrachtung.

Eine bahnbrechende Erkenntnis der Neurobiologie ist, dass die Festigung oder die Auflösung der Verbindungen zwischen unseren Nervenzellen in unserem Gehirn abhängig von ihrer Benutzung ist. Wir merken das durchaus in unserem täglichen Training. Die meisten Hunde haben für das Signal „sitz" eine regelrechte Datenautobahn im Gehirn. Das Überqueren von Hängebrücken hingegen ist – wenn überhaupt – ein kleiner Nervenweg zwischen ein paar Zellen, denn dieser Pfad wird einfach weniger benutzt.

Sitzt also ein Hund permanent in einem Zwinger, wird das Netz an Nervenwegen eher einfach gestrickt sein. Fressen, Schlafen, vielleicht Auslauf auf der kleinen Gartenwiese – die Nervenwege im Gehirn sind auf das Nötigste beschränkt und Anreize für den Aufbau neuer Verbindungen gibt es kaum. Werden diese Hunde plötzlich mit neuen Situationen konfrontiert, fehlt es an Nervenwegen im Gehirn. Es sind kaum Erfahrungen im Gedächtnis gespeichert, die Lösungen ermöglichen. Die Bewältigung einer Stresssituation wird deshalb in Ermangelung der Handlungsalternativen schwieriger.

Der Straßenhund, der täglich neue Situationen erlebt und bewältigt, hat in seinem Hirn viel mehr Verknüpfungen. Das Gehirn wird täglich auf den Umgang mit neuen Situationen trainiert. An einen neuen Stressor kann sich dieser Hund möglicherweise schnell anpassen, in jedem Fall schneller als der Hund im reizarmen Zwinger.

Umgekehrt gilt aber auch bei Reizüberflutung, dass der Hund sich nicht entscheiden kann. Es entstehen viele kleine Nervenwege, so dass der Hund sich beim Denken verläuft. Breite Nervenwege für schnelle Entscheidungen fehlen. Eine schnelle Entscheidung, wie komme ich von A nach B, ist fast unmöglich. Typisches Beispiel sind hier die überdrehten Hunde, die sich zum Beispiel bei der Begrüßung eines Menschen nicht entscheiden können, ob sie ihn umkreisen oder anspringen sollen, dann laut bellend wegrennen, um doch ein

Spielzeug zu holen und es dann auf dem Rückweg fallen lassen, um schließlich doch erst mal freudig hochzuspringen.

Neurowissenschaftler haben festgestellt, dass die Stresshormone es möglich machen, alte Nervenverbindungen aufzulösen, damit neue Wege entstehen können. Dies ist quasi die Langzeitwirkung der Stresshormone im Gehirn. Sie machen den Umbau des Gehirns im Sinne einer Anpassung an die Umwelt erst möglich.

Stress kann

- uns also krank machen oder töten,
- uns aktivieren, eine ökologische Nische zu suchen
- unser Gehirn umbauen, damit wir wieder (mehr) Lebensqualität haben.[2]

Die unmittelbaren Auswirkungen der Stresshormone kennen wir alle. Stellen Sie sich zum Beispiel vor, Sie fahren gerade auf der linken Spur der Autobahn mit einer hohen, aber der Verkehrssituation angemessenen Geschwindigkeit. Plötzlich schert von der rechten Spur ein LKW aus und fährt knapp vor Ihnen nach links. Das Adrenalin schießt durch Ihren Körper in alle Gliedmaßen und Sie bremsen in Sekundenbruchteilen. Ihre Hände umklammern mit aller Gewalt das Lenkrad, Ihr Herz schlägt bis zum Hals. Wenn es dann doch noch mal gut gegangen ist, fallen Sie quasi in sich zusammen, weil die Anspannung nachlässt. Ihre Knie zittern, Sie haben ein flaues Gefühl im Magen. Nach dem ersten Durchatmen und einer kurzen Beruhigung reagieren Sie wahrscheinlich aggressiv. Selbstverständlich jeder nach seinem Temperament. Der eine ärgert sich einfach nur, der andere brüllt seine Wut heraus, wieder ein anderer schlägt auf das Lenkrad, die Autonummer wird notiert. Den Rest des Tages sind Sie wahrscheinlich noch unruhig und sehen immer wieder die Bilder des Beinahe-Crashs an sich vorbeiziehen. Was genau passiert in solchen Situationen, in denen der Körper in Alarmreaktionsbereitschaft versetzt wird?

2 Die Entwicklung der Stressreaktion im Laufe der Evolution wird besonders gut von Gerald Hüther in seinem Buch „Biologie der Angst“ erklärt. Wen es interessiert, der sollte dieses Buch unbedingt lesen.

Verantwortlich für die oben beschriebenen Reaktionen während Ihrer imaginären Autofahrt ist das Stresshormon Adrenalin, das die Sinne schärft, Energie bereitstellt, die Abwehrbereitschaft steigert und deshalb eben auch aggressiv macht. Auch die Schmerzempfindlichkeit wird deutlich herabgesetzt.

Zusätzlich wird die Ausschüttung des Stresshormons Cortisol aktiviert. Cortisol hemmt unser Immunsystem. Gestresste Hunde fallen deshalb durch diese vielen kleinen Erkrankungen wie zum Beispiel Ohr- oder Augenentzündungen, Allergieschübe, Juckreiz usw. auf. Zunächst nichts Ernstes, aber sie müssen einfach häufiger zum Tierarzt. Auch die aus dem Ausland adoptierten Hunde fallen häufig dadurch auf, dass sie – kaum im neuen Zuhause angekommen – erst einmal krank werden, denn der Umgebungswechsel führt zum Dauerstress.

Das Aldosteron, das ebenfalls ausgeschüttet wird, steuert den Wasserhaushalt, der unter anderem für Kot- und Urinabsatz verantwortlich ist. Wird es stressig, müssen auch wir Menschen noch einmal zum WC. Beim Hund äußert sich das durch Schweißpfoten und häufigen Urinabsatz, der mit einem Markieren im eigentlichen Sinne nichts zu tun hat. Oder durch stressbedingten Durchfall.

Das Aldosteron kann in Bezug auf den Wasserhaushalt auch in die andere Richtung wirken. So ist von Angsthunden bekannt, dass sie nach einem Ortswechsel (Adoption, Umzug in ein anderes Tierheim usw.) häufig mehr als 24 Stunden nicht urinieren oder koten. Nisha aus dem Einführungskapitel hat zum Beispiel zweieinhalb Tage alles eingehalten. Gelöst hat sie sich schließlich im Auto auf dem Weg zum Tierarzt, zu dem wir sie bringen wollten, weil wir uns ernsthaft Sorgen um sie machten. Das Aldosteron kann die Wasserproduktion also auch deutlich einschränken.

Ausschüttung der Stresshormone bei Alarmbereitschaft

Höhepunkt der Ausschüttung nach 10 – 15 min.

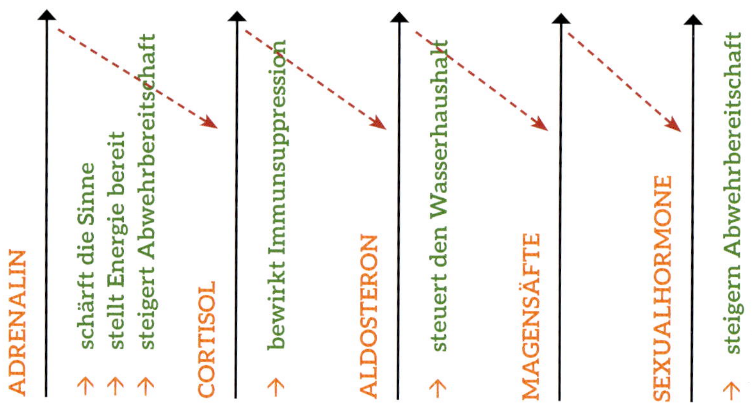

Abbau auf Normallevel 0,5 – 6 Tage

Trainingstipp: Besuchen Sie eine Hundeschule, dann strömen jede Menge Reize auf den Hund ein. Es ist aufregend, Stresshormone werden ausgeschüttet, unter anderem das Aldosteron. Infolge muss der Hund urinieren oder koten. Diesen Mechanismus kann er nicht ausschalten. Wird das Urinieren oder Koten auf dem Hundeplatz verboten, kennen die Verantwortlichen sich nicht mit Stresshormonen aus, was an ihrer fachlichen Qualifikation zweifeln lässt. Betrachten wir dieses Beispiel aus menschlicher Sicht: Wenn Sie einen wichtigen beruflichen Termin wie ein Vorstellungsgespräch haben, werden bei Ihnen Stresshormone ausgeschüttet. Im Normalfall müssen auch Sie deshalb noch mal schnell auf die Toilette. Was aber, wenn Ihnen das jemand verbietet? Ja, das wäre vollkommen unsinnig! Auch bei Hunden!

Die Magensäfte werden in der Stressreaktion vermehrt produziert. Dies führt dann zu Appetitlosigkeit oder zu regelrechten Fressattacken. Manche Hunde reagieren auf starken Stress auch mit Erbrechen. Auch hier ist der Unterschied zwischen Mensch und Hund nicht sehr groß.

Auch die Sexualhormone haben eine Aufgabe im Stresssystem. Nachdem die Natur bei der Wahl des Sexualpartners eine gesunde Rivalität vorgesehen hat, sorgen die Sexualhormone in der angespannten Situation für eine zusätzliche Abwehr- bzw. Angriffsbereitschaft. Und bei der überlebenswichtigen Jagd sorgen sie für ausreichend viel Mut und Angriffsbereitschaft, große Beutetiere anzugreifen und zu erlegen.

Die Stresshormone werden in Sekundenschnelle ausgeschüttet, erreichen ihren Höhepunkt nach 10 – 15 Minuten und brauchen 0,5 bis 6 Tage, ehe der Körper sie wieder abgebaut hat. Tägliche Stressmomente führen zu einer permanenten Ausschüttung dieser Stresshormone. Viele Hunde leben unter Haltungsbedingungen, die einen Abbau kaum noch möglich machen.

Mit der Stressreaktion wird häufig das Angstgefühl assoziiert. Die Stressreaktion ist aber auch mit anderen Emotionen gekoppelt. Die Stresshormone werden auch bei Wut, Jagd, Trauer oder großer Freude ausgeschüttet. Stress kann deshalb nicht gleichgesetzt werden mit Angst. Eher gilt: Angst ist eine Hauptemotion von Stress. Wissenschaftlich betrachtet ist Stress die oben beschriebene körperliche Reaktion. In unserer Umgangssprache ist mit Stress fast jede übermäßige Belastung und/ oder zeitliche Überlastung gemeint und das führt natürlich zwangsläufig zu Fehlinterpretationen.

Wer sich eingehender mit dem Thema Stress beschäftigen möchte, dem sei das Buch „Stress bei Hunden" von Martina Scholz und Clarissa v. Reinhardt ans Herz gelegt. Für unsere Zwecke reichen die obigen Ausführungen.

Körpersprache und Verhalten bei Angst

Hier geht es um die Frage, was man von außen betrachtet sehen oder spüren kann. Woran kann man erkennen, dass ein Hund Angst hat? Folgende Symptome lassen sich beobachten:

- Zittern, Speicheln und Hecheln
- blasse Schleimhäute
- erhöhter Puls
- angespannte Gesichtszüge
- die Ohren und Mundwinkel sind nach hinten gerichtet
- der Schwanz ist eingezogen, evtl. bis unter den Bauch eingeklemmt
- weit aufgerissene Augen und große Pupillen
- steife Körperhaltung mit Körperschwerpunkt nach hinten
- plötzlicher Haarausfall und weiße Schuppenbildung
- gekrümmter Rücken
- vermehrt gezeigte Beschwichtigungssignale
- und vieles mehr

Bilder sagen mehr als tausend Worte. Betrachten Sie in Ruhe die folgenden Fotos. Angstanzeichen finden Sie auf jedem Bild. Aber vor allem spürt man die Angst.

Hier schon einmal der Hinweis: Menschen mit einem verletzten Mandelkern, einem wichtigen Teil des limbischen Systems, können die Angst auf diesen Bildern nicht nachempfinden.

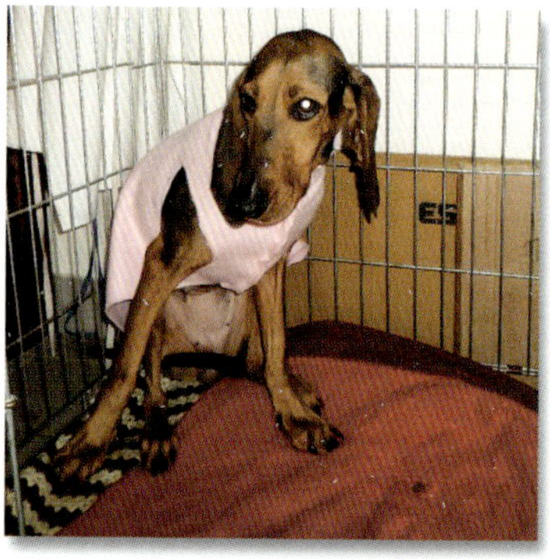

Die Beschwichtigungssignale des Hundes

Die Beschwichtigungssignale gehören zu einem wichtigen Teil des Ausdrucksverhaltens von Hunden und wurden von der Norwegerin Turid Rugaas erforscht. Sie sind in der Literatur auch unter dem englischen Begriff „Calming Signals" zu finden und werden unter anderem dann gezeigt, wenn der Hund Angst hat. Allerdings nicht nur dann, denn sie dienen auch dazu, einem ängstlichen Gegenüber die eigenen friedlichen Absichten mitzuteilen. Manchmal werden sie auch gezeigt, wenn sich der Hund in unsicheren oder konfliktreichen Situationen selbst beruhigen möchte, oder um sich einfach gegenseitig zu versichern, dass man in friedlicher Absicht kommt. Nicht immer empfindet ein Hund also Angst, wenn er diese Signale zeigt. Die Beschwichtigungssignale werden also eingesetzt, um

- einem Gegenüber die eigenen friedlichen Absichten mitzuteilen.
- einem Gegenüber anzuzeigen, dass man Unwohlsein, Unsicherheit oder auch Angst empfindet.
- Konflikte gar nicht erst aufkommen zu lassen.
- bereits entstandene Konflikte/ Aggressionen zu unterbrechen.
- sich selbst zu beruhigen.

Wie die physische Stressreaktion sind auch die Beschwichtigungssignale mit mehreren Emotionen verbunden. Ihre Interpretation muss deshalb immer im Kontext gesehen werden. Gähnen, Blinzeln, den Körper abwenden usw. müssen nicht zwangsläufig für Angst oder Beschwichtigung stehen.

Nachfolgend die wichtigsten Beschwichtigungssignale im Überblick.[3]

Den Blick verkürzen

Es gilt als unhöflich oder auch provozierend, ein Gegenüber anzustarren. Deshalb wird der Blickkontakt immer wieder unterbrochen.

Blinzeln

Auch hier soll ein permanentes Anstarren unterbrochen werden. Die Augen werden kleiner und der Gesichtsausdruck wird harmloser.

Den Kopf abwenden

Den Kopf wegdrehen ist ein noch deutlicheres Signal als Blinzeln oder den Blick verkürzen. Der Blickkontakt wird vermieden. Der Hund macht deutlich, dass er an einem Konflikt gar nicht interessiert ist.

Den Körper abwenden

Wendet der Hund nicht nur den Kopf ab, sondern den ganzen Körper, verstärkt sich die beschwichtigende Wirkung.

Den Rücken zudrehen

Wird dem Gegenüber der Rücken zugedreht, sagt der Hund klar und deutlich, dass

3 Für den interessierten Leser seien die Bücher „Die Beschwichtigungssignale der Hunde" und das „Calming Signals Workbook" vom animal learn Verlag empfohlen.

jeder weitere Kontakt unerwünscht ist. Mensch und Hund täten gut daran, sich an diese Botschaft zu halten.

Einfrieren/ Erstarrren

Das Erstarren gehört nicht nur zu den 5 „F" der Angst (siehe Seite 26), sondern ist eines der stärksten Beschwichtigungssignale überhaupt. Der Hund verharrt komplett bewegungslos in einer Situation.

Langsame Bewegungen

Der Hund bewegt sich wie in Zeitlupe. Langsame Bewegungen haben immer eine beruhigende und deeskalierende Wirkung. Das Gegenüber kann sich auf die Aktion des anderen einstellen.

Über den Fang lecken

Dieses Signal, das sehr schnell abläuft, wird häufig übersehen, obwohl es sehr oft gezeigt wird.

Wedeln mit der Rute

Wird das Wedeln bei niedrig gehaltener Rute, evtl. sogar leicht eingeklemmter Rute gezeigt, dient es zur Beschwichtigung des Gegenübers.

Vorderkörpertiefstellung

Die Vorderkörpertiefstellung kennen viele als Spielaufforderung. Sie ist verbunden mit einer hohen Bewegungsintensität. Hopsen, Rennen und die Vorderkörpertiefstellung wechseln schnell ab. Gerne wird dazu auch fröhlich gebellt. Ist diese Körperposition ein Beschwichtigungssignal, ist es lautlos und der Hund verharrt lange in dieser Verbeugung. Die Bewegungsintensität ist niedrig, es werden keine Lautäußerungen gezeigt.

Hinsetzen oder Hinlegen

Dieses Signal kann man häufig bei Hundebegegnungen sehen. Die Hunde verlangsamen und legen sich dann hin. Sie wollen so signalisieren, dass sie freundlich unterwegs sind. Auch unsichere Hunde setzen sich erst mal hin und warten ab. So machen sie nichts, was der andere als Provokation empfinden könnte.

Gähnen

Gähnen ist sicher eines der am meisten diskutierten Beschwichtigungssignale. Aber da gibt es einen pragmatischen Ansatz: Jeder, der mit Hunden lebt, kann selbst beobachten, dass Hunde nicht nur gähnen, wenn sie müde sind. Es wird häufig gezeigt, wenn sich der Hund unsicher fühlt oder aufgeregt ist.

Im Bogen gehen

Frontale Begegnungen sind in der Hundewelt unhöflich bis aggressiv. Einen Bogen laufen signalisiert die friedliche Absicht.

Splitten

Das Splitten kann mit hohem Tempo oder auch langsam schlendernd ausgeführt werden. Dabei bringt sich der Hund meist seitlich kommend zwischen zwei andere Hunde und trennt sie so. Splitten hilft uns auch beim Training und im täglichen Umgang mit Angsthunden. Wir Menschen können zwischen Hund und Angstobjekt splitten.

Schnüffeln

Für mich passt hier gut der Begriff „Verlegenheitsschnüffeln". Der Hund schnüffelt übertrieben an verschiedenen Stellen und blinzelt ab und zu, ob sein Gegenüber auch wirklich sieht, dass er schnüffelt und rein gar nichts von ihm will.

Den Vorderlauf anheben

Der Hund hebt einen Vorderlauf und verharrt in dieser Position. Auch hier beruhigt der Hund sich selbst oder das Gegenüber.

Urinieren

Auch hier streiten die Experten gerne und intensiv. Urinieren kann tatsächlich nur ein „Entleeren der Blase" sein, aber auch Markierungsverhalten und eben Beschwichtigung. Ähnlich wie beim Schnüffeln schielt der Hund zum Gegenüber, ob dieser das Signal sieht und versteht.

Übersprungshandlungen

Die Hunde setzen ein betont verspieltes Verhalten wie Hopsen, Springen oder Herumalbern zur Beschwichtigung ein. Solche Handlungen müssen immer im Kontext gesehen werden. Sie können Beschwichtigungssignal sein, müssen es aber nicht.

Zusammenhang von Angst und Schmerz

Wichtig zu wissen ist, dass viele Ausdruckselemente, die für Angst stehen, auch bei Schmerz gezeigt werden, und dass Angst und Schmerz als Empfindung auch miteinander gekoppelt sein können. Bei Angst muss ich also auch immer an Schmerz denken und umgekehrt. Eine detaillierte medizinische Untersuchung ist deshalb früher oder später unumgänglich.

Es gibt eine Reihe von Krankheiten, die Angst auslösen. So kann beispielsweise eine Schilddrüsenunterfunktion Angstzustände beim Hund auslösen. Eine an Diabetes gekoppelte Erblindung ist für den Hund unter Umständen angstauslösend, weil er sich in ungewohnter Umgebung nicht mehr zurechtfindet und sogar daheim anfangs Probleme hat, ohne die Sehkraft auszukommen. Auch ein epileptischer Anfall ist ein einschneidendes Erlebnis für den Hund und kann Ängste auslösen. Die folgende Liste erhebt keinen Anspruch auf Vollständigkeit, soll aber als Denkanregung dienen. Angststörungen können durch folgende Erkrankungen hervorgerufen werden:

- Unterzuckerung
- Eisenmangel

- Blutarmut
- Cortisolüberproduktion
- Pfeiffersches Drüsenfieber
- Schilddrüsenstoffwechselstörung
- erhöhte Kalium- oder zu niedrige Kalziumwerte
- Störungen der Hämoglobinsynthese
- Tumore
- Lungenerkrankungen
- Herz- und Kreislauferkrankungen

Das generelle Abnehmen der Sinnesleistung und die Einschränkung der Beweglichkeit können (unter anderem bei Hundesenioren) ebenfalls Ängste hervorrufen.

Verhalten bei Angst

Mit der Emotion Angst sind bestimmte Verhaltensreaktionen verbunden. Man spricht von den 5 „F" der Angst:

Erstarren (Freeze)
Flüchten (Flee)
Aufgabe (Faint)
Kampf (Fight)
Herumalbern (Fooling around)

Erstarren, Flüchten und Unterwerfung/Aufgabe werden sofort mit dem Angsthund in Verbindung gebracht. Greift er hingegen an, wird sehr häufig übertriebenes Aggressions- oder das gern diagnostizierte Dominanzverhalten unterstellt und es werden verheerende Trainingsmaßnahmen ergriffen, um den Angriff zu unterbinden.

Stellen wir uns hier zum Beispiel eine alltägliche Situation beim Tierarzt vor. Ein Hund hat eine entzündete Zahnwurzel, die ihm schlimme Schmerzen bereitet. Da er voller Angst immer wieder versucht auszuweichen, während der Tierarzt ihn untersuchen will, wird er auf dem Untersuchungstisch fixiert. Eine Flucht ist ausgeschlossen. Aus Angst vor den Schmerzen bei Berührungen an der Schnauze beißt der Hund zu, als die Hand des Tierarztes ihn beinahe oder gerade so eben berührt. Leider wird dieser Hund dann häufig als unberechenbar und aggressiv abgestempelt. „Ein Hund muss das erdulden!", heißt es. Um diese Erduldung durchzusetzen, wird er brutal auf die Seite oder den Rücken gedreht. Manche Tierärzte glauben auch tatsächlich noch, sie müssten dem Hund beweisen, dass sie „der Chef" sind und fähig, sich durchzusetzen. Die Angst des Hundes steigert sich enorm, im schlimmsten Fall glaubt er, um sein

Leben kämpfen zu müssen und versucht, sich durch unkontrolliertes Beißen aus der Situation zu befreien. Leider wird im Alltag häufig nicht erkannt, dass dieser Hund einfach nur Angst hat und/ oder die entsprechende Rücksicht fehlt. Interessanterweise verfährt man nur mit Hunden bzw. körperlich unterlegenen Tieren so. Bei einem Löwen käme eine derartige Behandlung nicht in Frage. Da hat dann der Mensch Angst und verhält sich deshalb vorsichtiger, rücksichtsvoller und somit erträglicher für das Tier.

Ein spannendes Gedankenspiel ist hier auch unsere Reaktion auf dem Zahnarztstuhl. Die Untersuchung und Behandlung einer entzündeten Zahnwurzel ohne entsprechende örtliche Betäubung würde ganz sicher zu einem wilden verbalen und körperlichen Befreiungsschlag mit anschließender Flucht aus der Praxis führen. Und niemand käme auf die Idee, jemanden deswegen zu verurteilen oder geschweige denn von ihm zu erwarten, dies klaglos hinnehmen zu müssen.

Kira – Diagnose Dominanzaggression

Kira, eine Collie-Mischlingshündin, kam in meine Hundeschule mit der interessanten Ankündigung, dass sie außerhalb des Hundeplatzes und des heimischen Gartens hervorragend folgt. Sobald sie sich allerdings in einem eingezäunten Gelände befindet, verweigere sie jedes Signal und rühre sich nicht mehr von der Stelle. Man hatte schon „alles" versucht, um das zu ändern: körperliche Unterwerfung, Sprühhalsband, Disc-Scheiben, Belohnung mit Jackpot – das komplette Programm also. Die Diagnose lautete, dass es sich um eine charakterstarke, dominante und aggressive Hündin handelte.

Unsere Stunde begann also deshalb neben dem Hundeplatz und Kira befolgte alle Signale erstklassig und hatte sogar Spaß daran. Wir wechselten auf den Platz. Beim ersten Abrufsignal erstarrte die Hündin und bewegte sich keinen Millimeter von ihrem Platz. Die Augen waren weit geöffnet, die Muskeln extrem angespannt und Kira hechelte. Bei weiterer Annäherung flüchtete sie.

Kira kam aus einer Tötungsstation in ein Tierheim, in dem die Pfleger sie jeden Abend im Gehege einfangen mussten. Mehrere Mitarbeiter umkreisten den Hund, trieben sie in die Ecke und fingen sie schließlich ein – so ging das jeden Tag. Sie war weder charakterstark noch dominant, sie hatte einfach Angst vor dem Einfangen.

So trainierte ich zunächst mit Kira neben dem Platz. Ich öffnete beide Torhälften des Geländes und so arbeiteten wir uns langsam auf den Hundeplatz bei geöffnetem Tor vor, das den Fluchtweg offen ließ. So lange das Tor weit geöffnet war und Kira das Tor gut sehen konnte, befolgte sie alle Signale ohne Probleme.

In den folgenden Stunden wurde das Tor in Minischritten immer weiter geschlossen. Dieses Training wurde auch im heimischen Garten umgesetzt. Kira kann heute auch in eingezäuntem Gelände abgerufen werden und sich vor allem entspannen.

Mehrere Personen im Garten verursachen aber auch heute noch einen Rückzug in die hinterste Ecke des Gartens. In ihrem Fall wurde die Angst der Hündin nicht erkannt und mit den ergriffenen Trainingsmaßnahmen verstärkt.

Auch das Herumalbern wird oft nicht als Angstverhalten erkannt. Dabei kommt es auch beim Menschen recht häufig vor. Es gibt viele Menschen, die ihre Angst mit Albernheiten überspielen. Auch Hunde, die sich vor etwas fürchten, beginnen oft ein Fangspiel, springen herum oder beißen in die Leine. Das wirkt dann wie eine lustige Spieleinlage – in Wirklichkeit zeigt sich hier das Angstverhalten.

Die drei Ebenen der Angst verstärken sich häufig auch noch gegenseitig in ihrer Wirkung. Es entsteht der Teufelskreis der Angst. Betrachten wir diesen Teufelskreis zunächst einmal für ein menschliches Säugetier anhand eines Beispieles. Wir bemerken, dass unser Herz aus irgendeinem Grund schneller schlägt. Es ist dieses diffuse Gefühl, dass irgendetwas los ist, das

wir nicht wirklich benennen oder erklären können. Wir beginnen nachzudenken, was es sein könnte und das Großhirn schickt den Begriff Herzinfarkt ins Rennen. Unsere Sinne sind geschärft und natürlich bemerken wir jetzt auch noch ein Ziehen im linken Arm. Wir bekommen noch mehr Angst. Das Herz rast, wir beginnen zu schwitzen. Die verstärkten körperlichen Symptome bestätigen wieder unsere Angst und wir werden panisch. Die Ausprägung dieses Teufelskreises ist natürlich von Mensch zu Mensch verschieden.

Diesen Teufelskreis der Angst gibt es zweifellos auch bei unseren Tieren. Auch hier zieht die Angst Kreise, zum Beispiel bei einem Hund, der aus einem Tierheim im Ausland in sein neues Zuhause gebracht wird. Er wird geflogen. Zunächst wird er eingefangen und in eine Transportbox gesteckt. Das Einfangen und die Enge in der Box können schon ein Auslöser für Angst sein. Die physische Stressreaktion ist in vollem Gange. Das Herz schlägt ihm bis zum Hals, er hechelt stark. Eventuell erstarrt er zunächst in seiner Box und quetscht sich in die hinterste Ecke. Dann startet der Flieger. Der Hund wird an die Wand seiner Box gedrückt, die Temperatur im Laderaum fällt. Der Druck auf seine Ohren steigt, die aufkommende Übelkeit und das Schwindelgefühl steigern seine Angst, deshalb versucht er zu fliehen. Er kratzt wie ein Wahnsinniger an dem Boxengitter, wodurch Krallen abreißen und die Pfoten verletzt werden. Er übergibt sich. Die Enge, der Schmerz, der Geruch der anderen gestressten Tiere in dem Flieger steigern sich ins Unerträgliche. So kommt es, dass ein im Tierheim unauffälliger Hund durch einen Transport traumatisiert wird. Die Box wird ab diesem Zeitpunkt eine riesige bis unlösbare Herausforderung.

Um dem Teufelskreis zu entrinnen, versuchen Menschen die Angst durch Ablenkung, Vermeidung oder Flucht zu unterdrücken. Diese Handlungsweisen verstärken aber das Angstproblem oft und verlängern die Angstreaktion sogar unnötig. Gelingt es Betroffenen hingegen, sich schrittweise mit der Angst auseinanderzusetzen, verschwindet sie mit der Zeit.

Beim Hund ist dies ebenso, aber wir Menschen unterstützen unsere Hunde häufig nur in Vermeidungsstrategien. Hat unser Hund Angst vor Hunden, weichen wir anderen Hunden großräumig aus. Fürchtet er sich vor dem Autofahren, fahren wir halt nirgends mehr hin. Geht der Hund die Treppe nicht hinunter, dann tragen wir ihn halt. So erhält er aber keine Chance, sich in kleinen Schritten dem angstauslösenden Reiz zu nähern und so die Angst irgendwann zu überwinden.

! Für die späteren Trainingsansätze kann man also festhalten, dass Vermeidungsstrategien nur eine kurzfristige Managementmaßnahme sein können, aber kein Trainingsansatz. Eine Auseinandersetzung mit der Angst ist der Schlüssel zu ihrer Überwindung – bei Mensch und Hund.

Erlernte Hilflosigkeit

Bei lang andauernder oder immer wiederkehrender Angst stellen sich natürlich neben dem Gefühl der Angst auch weitere Gefühle, wie zum Beispiel das der Resignation und Hilflosigkeit ein. In diesem Zusammenhang ist sicher der Begriff der „erlernten Hilflosigkeit“ zu nennen. Erlernte Hilflosigkeit bezeichnet das Phänomen, dass Menschen und Tiere infolge von Erfahrungen der Hilf- oder Machtlosigkeit ihr Verhaltensrepertoire dahingehend einengen, dass sie als unangenehm erlebte Zustände nicht mehr abstellen, obwohl sie es (von außen betrachtet) könnten.

Geprägt wurde diese Definition durch Versuche mit Ratten. Die Ratten befanden sich in einem zweigeteilten Käfig. Die eine Hälfte des Käfigs war mit einem Boden versehen, der unter Strom gesetzt werden konnte, die andere Hälfte des Käfigbodens nicht. In der ersten Versuchsphase wurde der Boden des einen Käfigteils unter Strom gesetzt. Die Ratten flüchteten daraufhin in den sicheren Teil des Käfigs. In der zweiten Versuchsreihe wurde die Flucht verhindert und die Ratten mussten die Stromschläge über sich ergehen lassen, hatten also über

einen längeren Zeitraum keine Möglichkeit, ihm zu entgehen. In der dritten Phase wurde der stromfreie Käfigteil wieder freigegeben. Interessanterweise flüchteten die Ratten dann aber nicht mehr in den sicheren Teil des Käfigs, sondern ließen die Stromschläge weiter hilflos über sich ergehen. Aus diesen Versuchen leiteten die Forscher ab, dass bei fehlender Kontrolle über die Konsequenzen des eigenen Verhaltens Mensch und Tier die „erlernte Hilflosigkeit" ausbilden.

Die Symptome sind:

- Freudlosigkeit
- Fehlen von zielgerichteter Aktivität
- Lernverzögerungen, zum Beispiel beim Erlernen von Vermeidungsverhalten
- Neurobiologische Veränderungen, wie zum Beispiel ein reduzierter Gehalt an Noradrenalin

Die „erlernte Hilflosigkeit" kann damit eine Folge von dauerhaften Angstzuständen sein.

Vor Augen habe ich hier die Hunde, die aufgrund von Starkzwangmethoden im Training ausschließlich „bei Fuß" gehen, auf Umweltreize nicht mehr reagieren und die sich nicht einmal mehr trauen, auf eine Spielaufforderung von Mensch oder Hund einzugehen. Schaut man diesen Tieren ins Gesicht, wirken sie wie „abgeschaltet". Ihnen fehlt der lebendige, neugierige Augenausdruck und jegliche Lebensfreude. Ein wirklich trauriger Anblick – der noch trauriger macht, wenn solche Hunde dann aus mangelndem Einfühlungsvermögen und Fachwissen auch noch als besonders „brav" beschrieben werden.

Die dritte Reaktionsebene beschäftigt sich mit den Gefühlen und Gedanken bei Angst. Um hier ein besseres Verständnis zu entwickeln, machen wir später einen Ausflug in die Gedankenwelt des Hundes. Zunächst geht es aber um die Definition von Angststörungen.

Angststörungen

Die Angst als Alarmreaktion des Körpers mit Schutzfunktion kann entgleiten. Von einer Angststörung spricht man, wenn der Leidensdruck so hoch ist, dass er die Lebensführung bestimmt und die Lebensqualität aller Beteiligten unangemessen einschränkt. Menschen und Hunde, die unter einer Angststörung leiden, schätzen Objekte, Personen und Situationen als bedrohlich ein, die Gesunde für risikolos halten.

Eine Klassifizierung und Definition von Angststörungen gibt es nur für Menschen. Die Angstforschung für Tiere steht noch ganz am Anfang, so dass sich konkrete Definitionen erst in den nächsten Jahren entwickeln werden.

Die Definitionen und Erklärungen für Angst sind aber zu einem großen Teil aus Tierversuchen hergeleitet. Es ist also sicher zulässig, die gängigen Angstdefinitionen auch auf Tiere zu übertragen. Die folgende Graphik gibt zunächst einen Überblick über die Angst, zu der auch Ängstlichkeit und Furcht gehören, und über Angststörungen wie Phobien, Panik, Trauma und genetisch bedingte Angststörungen.

Eine **Phobie** ist eine hartnäckige und irrationale Angst vor bestimmten Objekten, Aktivitäten oder Situationen. Es besteht der zwanghafte Wunsch nach Vermeidung! Bekannt sind Spinnenphobien, Spritzenphobien oder auch die Phobie vor einem Aufenthalt in engen Räumen. Andere Individuen dieser Art finden den Phobieauslöser harmlos. Phobien sind sicher bei Tieren feststellbar. Eine Spinnenphobie wurde bei Hunden noch nicht beobachtet, eine Spritzenphobie hingegen können Tierärzte bei einigen Hunden sicher bestätigen. Unsere Lukki zum Beispiel quietscht definitiv schon, wenn sie die Spritze sieht.

Panikstörungen sind plötzliche und wiederkehrende schwere Angstattacken, die sich nicht auf bestimmte Auslöser beschränken und dadurch unvorhersehbar sind. Herzrasen, Schwindel und Todesangst kennzeichnen Panik beim Menschen! Es ist anzunehmen, dass der Hund ähnliche Symptome zeigt und ebenfalls Todesangst hat. Eine Panikattacke beginnt abrupt und dauert durchschnittlich 30 Minuten. In dieser Zeit ist der Hund nicht ansprechbar. Man kann nur da sein und schauen, dass sich der Hund nicht selbst oder andere verletzt. Berührt man einen Hund während einer Panikattacke, kann es sein, dass er beißt.

<table>
<tr><th colspan="7">DEFINITIONEN</th></tr>
<tr><th colspan="3">Angst</th><th colspan="4">Angststörungen</th></tr>
<tr><td>Ängstlichkeit</td><td>Angst</td><td>Furcht</td><td>Phobie</td><td>Panik</td><td>Trauma</td><td>generalisierte Angststörung</td></tr>
</table>

Sam, ein Kunde aus meiner Hundeschule, leidet unter solchen Panikattacken. Bei ihm dauern sie ca. 20 Minuten. Es ist in dieser Zeit nicht möglich, einen Zugang zu ihm zu finden. Der Blick ist leer, er zittert und ist gleichzeitig wie angewurzelt. Bei einem Anfall sitzt sein Frauchen neben ihm, sichert ihn und wartet ab.

Die **generalisierte Angststörung** ist eine langanhaltende Angst, die nicht auf bestimmte Situationen oder Objekte begrenzt ist. Folgende Symptome kennzeichnen diese Störung:

- Ruhelosigkeit
- Nervosität
- leichte Ermüdbarkeit
- Leere im Kopf
- Muskelverspannungen, Zittern
- Schlafstörungen
- Unfähigkeit sich zu entspannen

In der Folge treten häufig Suchtverhalten, Depression und auch andere körperliche Erkrankungen auf. Hier sitzen sicher einige Fälle in den Tierheimen. Ihre Vorgeschichten sind in der Regel so gruselig, dass aus einer anfänglichen Angst eine generelle Lebensangst wurde.

Ein **Trauma** ist in der Medizin oder Biologie eine Schädigung, Verletzung oder Wunde, die durch Gewalt von außen entsteht. Traumatische Ereignisse für Hunde sind sämtliche Formen von dramatischen Unfällen, schwerer Gewalterfahrung durch Menschen oder andere Hunde, Folter und lang anhaltender, bedrohlicher Situationen.

Folge des Traumas ist zunächst die akute Belastungsreaktion. Sie beginnt unmittelbar nach dem Trauma und hält meist für einige Tage an. Depression, Angst und Überaktivität sind die Folge. Eine weitere Folge kann die posttraumatische Belastungsreaktion sein, eine verzögerte Reaktion auf ein belastendes Ereignis mit außergewöhnlicher Bedrohung. Dabei kommt es zu wiederholtem Erleben des Traumas in Flashbacks, zu Schreckhaftigkeit, ausgeprägter Reizbarkeit, Übererregtheit, Konzentrationsstörungen, Teilnahmslosigkeit und Vermeidungsverhalten. Menschen, die eine Naturkatastrophe wie einen Tsunami erlebt haben, leiden unter einer posttraumatischen Belastungsreaktion. Ein Hund, der ein Hochwasser überlebt hat und andere Hunde hat sterben sehen, hat sicher auch diese Flashbacks. Der Trigger wird reißendes oder stetig ansteigendes Wasser und das damit verbundene Geräusch sein. In meiner Hundeschule gab es einen Weißen Schäferhund, der dabei war, als sein

Herrchen sein Frauchen mit einem Kissen ersticken wollte. Männer, die Ähnlichkeit mit dem Herrchen hatten, lösten Flashbacks aus; auch wenn der Hund nicht darüber sprechen kann.

Das **Deprivationssyndrom** zählt per definitionem nicht zu den Angststörungen, ist aber wichtig, da diese Hunde große Ängste haben können. Es betrifft Hunde, die über einen längeren Zeitraum während ihrer Jugendentwicklung eingesperrt sind, isoliert gehalten werden, sich selbst überlassen sind und keine Reize um sich haben. Sie leiden ähnlich wie Kaspar Hauser. Die Antwort auf jeden neuen Reiz ist Angst – bis dieser Reiz seine Ungefährlichkeit bewiesen hat.

Die oben schon erklärte **erlernte Hilflosigkeit** ist im weitesten Sinne sicher auch eine Angststörung.

Der Übergang zwischen Angst und den unterschiedlichen Angststörungen ist fließend. Eine exakte Ein- oder Zuordnung ist nicht immer möglich. Allerdings hilft uns eine grobe Einordnung bei der Einschätzung des Schweregrades von Angst.

Was passiert nun im Gehirn? Wie entsteht Angst? Welchen Weg nimmt sie? Das konnten die Neurowissenschaften in den letzten Jahren erforschen. Deshalb geht es im nächsten Kapitel um die Neurobiologie der Angst.

Die Neurobiologie der Angst

„...Licht und Schatten, die auf die Landschaft unseres Geistes fallen, werden von chemischen Verbindungen erzeugt, die die Module unseres Gehirns an- und abschalten, und rufen das neuronale Muster hervor, das unsere Stimmung bestimmt. Das limbische System sendet dringende Botschaften von Angst und Wut und der Cortex reagiert, indem er unser Bewusstsein mit Emotionen überflutet." (aus „Gehirn und Geist" von Rita Carter)

Wenn man sich mit Angst beschäftigt, muss man sich zwangsweise mit dem Gehirn beschäftigen, denn dort entstehen die Emotionen, dort werden sie beurteilt oder mit Erinnerungen verknüpft. Also erstellt man als Erstes eine Gehirnkarte mit den wichtigsten „Playern" in Sachen Angst. Diese Karte bildet das Gehirn eines Hundes nicht vollständig ab, sondern konzentriert sich auf die Strukturen, die mit seiner Angst zu tun haben.

Beginnen wir am Hirnstamm. Er ist die Verbindung zwischen dem Rückenmark und dem restlichen Gehirn. Entwicklungsgeschichtlich ist er der älteste Teil unseres Gehirns. Beim Menschen ist er so groß wie ein Daumen und recht unscheinbar, beim Hund etwas kleiner. Ob Kreislauf, Atmung, Muskelreaktionen oder Schlaf – der Hirnstamm kontrolliert und reguliert die lebensnotwendigen Systeme des Körpers. Hier werden auch die primitiven Überlebenssysteme wie Angriff, Flucht oder Erstarren gestartet. Auch bei Schlangen, Krokodilen oder Eidechsen hat man einen solchen Hirnbereich gefunden, weshalb er oft auch Reptilienhirn genannt wird.

Im Anschluss folgen Klein- und Mittelhirn. Die nächste wichtige Struktur in Sachen Angst ist der Thalamus im Zwischenhirn. Er wird als Tor zum Bewusstsein bezeichnet. Nachrichten von den Sinnesorganen werden hier weitergeleitet und die Hormonausschüttung geregelt.

In der Mitte befindet sich das limbische System. Hier findet man die oben schon erwähnte subjektiv-kognitive Ebene der Angst. Es ist der Sitz der Emotionen und zuständig für die Motivation. Es wird auch Säugetiergehirn genannt. Wir finden es bei praktisch allen mit uns verwandten Affen und anderen Säugetieren wie bei Schweinen, Ratten, Hunden, Katzen, Pferden usw. Auch bei Vögeln, Amphibien und Reptilien gibt es das limbische System oder Vorstufen davon. An Hühnern kann man mit entsprechendem Fachwissen über deren Ausdrucksverhalten sowohl Freude und Wohlbehagen als auch Angst und andere Emotionen beobachten. Weil dieses limbische System die Hauptrolle in Sachen Angst spielt, gibt es ein eigenes Kapitel über diese spannende Hirnstruktur.

Umgeben ist das alles von der Großhirnrinde, dem sogenannten Cortex. Hier ent-

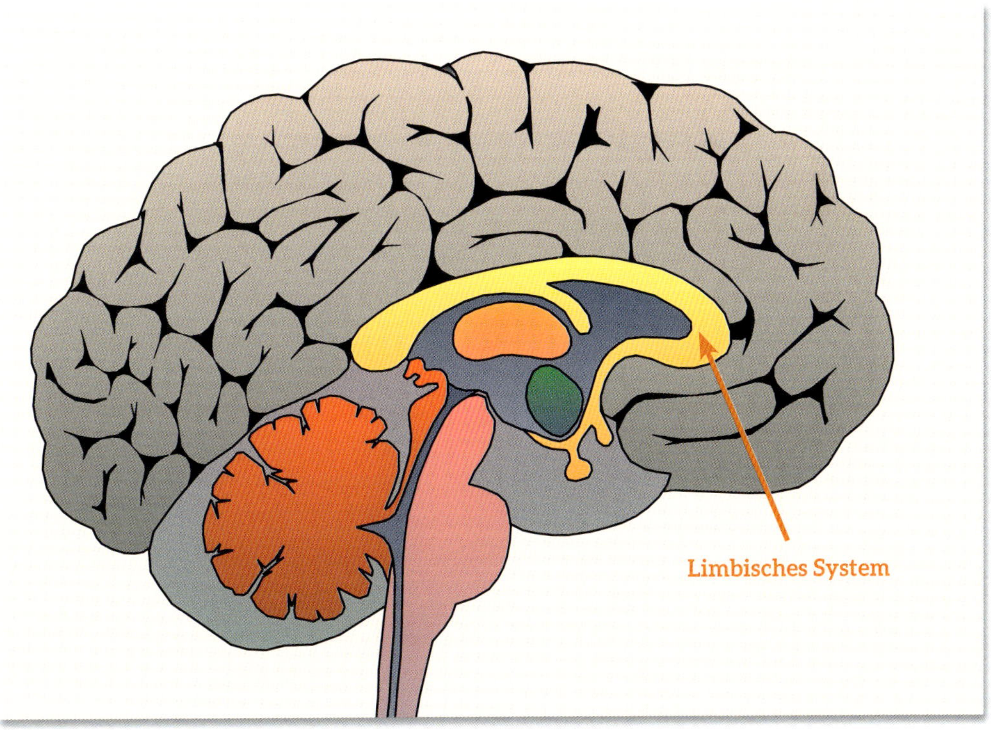

steht aus den Signalen der Sinnesorgane und den vorgeschalteten obigen Hirnregionen ein zusammenhängender Eindruck der Umwelt. Informationen werden hier gespeichert. Vereinfacht liegt hier also das Gedächtnis. Verstand, zielgerichtete Handlungen, Gefühlsleben – kurz alles, was an psychischen Leistungen und Erkenntnisprozessen im Menschen stattfindet, ist ohne Hirnrinde nicht möglich. Diese Großhirnrinde finden wir ebenfalls bei unseren tierischen Verwandten. Delfine, Wale, Elefanten und die Schimpansen haben sogar sehr große Großhirnrinden.

Mit diesem Grundgerüst vor Augen können wir uns nun mit der Zusammenarbeit zwischen diesen Gehirnteilen beschäftigen.

Das einfache dreiteilige Gehirnmodell

Der technische Fortschritt der letzten Jahre hat der Forschung einen detaillierten Blick in das Gehirn ermöglicht. Man kann dem Hirn quasi beim Denken zuschauen. Mit Hilfe der neuen bildgebenden Verfahren kann man sehen, welche Hirnbereiche bei Wut, Angst oder auch Freude aktiv sind. Dabei werden die unterschiedlichen Schaltkreise im Gehirn sichtbar. Kaum eine Grundlagenforschung hat in den letzten 20 Jahren so spektakuläre Erkenntnisse gewonnen wie die Neurowissenschaften. Die Kenntnis der Gehirnstruktur und der verschiedenen Schaltkreise hilft uns, Angst und auch die Wirkung von Trainingsmaßnahmen oder Medikamenten besser zu verstehen.

Fangen wir mit einem einfachen Modell an – dem dreiteiligen Gehirn. Dieses dreiteilige Modell ist einem Fahrstuhl sehr ähnlich. Im Keller oder Untergeschoss haben wir den Hirnstamm. Das Erdgeschoss bildet das limbische System und in der ersten Etage finden wir die Großhirnrinde. Bei einer Angstreaktion fahren wir von der ersten Etage blitzschnell in den Keller.

Unsere Körpersysteme und natürlich auch die der Tiere streben immer nach der sogenannten Homöostase. Das Gehirn und die anderen Körpersysteme arbeiten permanent an der Aufrechterhaltung eines Gleichgewichtszustandes unseres offenen dynamischen Systems durch einen internen, regelnden Prozess. Einfacher ausgedrückt ist unser Körper immer bestrebt, unsere Körpertemperatur aufrechtzuerhalten – unabhängig davon, ob es außerhalb des Körpers kalt oder warm ist.

Jedes Säugetier hat im Hinblick auf seine Umwelt bestimmte Bedürfnisse, Vorstellungen und Erwartungen. Weicht die Realität, mit der es konfrontiert wird, von diesen Erwartungen ab, kommt es im Gehirn zu Irritationen. Die Hirnregionen, die permanent die Realität, die über die Sinne wahrgenommen wird, mit den Vorstellungen abgleichen, sind irritiert und es kommt zu Übererregungen in diesen Hirnbereichen. Wie eine Art Gewitter breitet sich diese Übererregung im Gehirn aus.

Stellen Sie sich vor, Sie müssen vor 150 Leuten einen Vortrag über Angst halten. Nun stehen Sie da oben auf dem Podium und stellen fest, dass die Technik nicht funktioniert. Man kann die Bilder nicht sehen und die Videos, die Sie vorbereitet haben, sind ohne Ton. Diese Situation weicht deutlich von Ihren Vorstellungen ab. Im Gehirn bildet sich eine kleine Gewitterfront, die sich ausbreitet. Im Cortex, wo Sie Wissen abrufen können und auch das Sprachzentrum sitzt, ist alles durcheinander. Die Information ist nicht mehr abrufbar. Die Großhirnrinde ist im Ausnahmezustand. Sie stehen auf dem Podium, wissen nicht mehr, was Sie sagen wollten. Ihnen fällt auch nicht mehr ein, den Lautstärkeregler zu prüfen oder auch nur die Kabelverbindungen. Ein Sprichwort aus dem Volksmund sagt dazu: Wir werden kopflos. Auf Vorträgen gibt es dann oft einen Techniker, der uns rettet. Ist diese Person nicht da, geht es vom Cortex eine Etage tiefer – ins limbische System.

Dies übernimmt nun unser Denken und Fühlen und greift auf ältere Muster zurück. Einige von uns werden wütend, anderen stehen die Tränen vor lauter Hilflosigkeit in den Augen, wieder andere beginnen, hysterisch-albern zu kichern. Die Gefühle übernehmen die Leitung über unser Verhalten. Nachdem der Teil des Hirns blockiert ist, der Probleme adäquat löst und auch Handlungsweisen beurteilt, merken wir nicht einmal, ob wir uns blöd benehmen. Wir sind wie ferngesteuert. Dann greift der Hypothalamus ein – das Stresshormon Cortisol wird ausgeschüttet. Es dauert aber, ehe dieses Hormon wirkt. In der Zwischenzeit fahren wir in unserem Fahrstuhl noch eine Etage tiefer bis zum Hirnstamm. Hier sitzen die primitiven Notfallprogramme: Angriff, Flucht oder handlungsunfähiges Erstarren. Angriff oder Flucht hat noch eine aktive Komponente, man tut zumindest noch etwas. Der schlimmste Zustand ist das hilflose Erstarren. Wir tun gar nichts mehr. Unser Körper gibt zugleich Gas und bremst. Das Herz rast und die Atmung überschlägt sich. Gleichzeitig versucht das parasympathische Nervensystem, uns runterzufahren und bremst. Wenn wir bei einem Auto gleichzeitig Gas geben und bremsen, ist es nur eine Frage der Zeit, bis uns der Motor um die Ohren fliegt. Für den Veranstalter und uns der Albtraum. Es kann zum Nervenzusammenbruch kommen.

Übertragen wir dieses Szenario auf Hunde, so sind dies zum Beispiel die, die völlig reglos in ihrer Box oder Ecke kauern und kaum ein Lebenszeichen von sich geben, aber angespannt sind wie ein Flitzebogen.

Eine andere Situation wäre ein Beagle aus einem Versuchslabor, der nach Abschluss der Versuchsreihe das Labor verlassen und ins „pralle Leben“ eintauchen darf. Stellen wir uns den Tag der Abholung vor: Der Beagle erwartet die übliche Behandlung, den üblichen Ablauf. Behandlung (wie auch immer die aussieht), Futter, eventuell etwas Auslauf auf einem Stück Rasen und dann Schlaf. Stattdessen wird er in einer Transportbox verladen, aus dem Labor durch den Universitätspark zu einem Auto getragen, von dem er nicht einmal weiß, was das ist und wie es tut. Fremde Menschen quietschen, wie niedlich er ist und grabschen nach ihm. Die Erwartungen des Beagle weichen jetzt stark von der Realität ab, die ihn gerade umgibt. In der Großhirnrinde wird keinerlei abgespeicherte Information für diese Situation gefunden und der Fahrstuhl fährt ins Erdgeschoss. Das limbische System sorgt für Angst, Wut und Trauer. Nun fährt das Auto los, es schaukelt, die Bilder der Außenwelt fliegen am Auge unseres Beagles vorbei und die Musik aus dem Radio gibt ihm den Rest. Was ist das alles? Der Fahrstuhl ist im Keller. Flucht aus der Box ist unmöglich. Am Schluss liegt ein zusammengefallener Beagle in der Box. Daheim wird er dann von der gesamten Familie begrüßt. Die sicher größtmögliche Katastrophe.

! Wichtig: Sind limbisches System oder der Hirnstamm aktiv, wird der Cortex blockiert. Dort wird Sprache verarbeitet. Jedes verbale Signal, das man dem Hund gibt, ist zum Scheitern verurteilt, weil die Großhirnrinde es nicht verarbeiten kann. Ebenso wenig sieht der Hirnstamm das Verzehren von Leckerli vor. Fressen ist bei Angriff, Flucht oder Erstarren nicht vorgesehen. Spielen auch nicht!

Wenn man also gegen die Angst trainieren möchte, muss man den Fahrstuhl nach oben wieder in Gang setzen. Der Hund muss soweit entspannt werden, dass er vom Keller wieder in das Erdgeschoss fahren kann. Ein Hund, der gerade um sein Überleben kämpft, ist in diesem Zustand nicht trainierbar. Zuerst müssen die grundlegenden Sicherheitsbedürfnisse befriedigt werden.

Im Erdgeschoss muss man dann für eine positive emotionale Grundstimmung sorgen, damit man anschließend in der ersten Etage ein Alternativverhalten eintrainieren kann, das im Cortex verarbeitet und vor allen Dingen gespeichert wird.

Das limbische System

Nun wird klar, dass das limbische System die Hauptrolle in Sachen Angst spielt. Also schauen wir uns diesen Hirnbereich doch einmal genauer an. Nachdem die Neurowissenschaften gerade boomen, gibt es viele verschiedene Definitionen, was genau zum limbischen System gehört und was nicht. Ich folge hier einer funktionellen Unterteilung, die uns beim Thema Angst am meisten weiterhilft.

Was viele nicht wissen, die Bestandteile des limbischen Systems sind immer paarweise vorhanden – einmal links und einmal rechts. So gibt es also zwei Mandelkerne – rechts und links. Die Mandelkerne liegen im rechten bzw. linken Schläfenlappen direkt vor dem Hippocampus. Der lateinische Begriff für Mandelkern ist **Amygdala**. Der Mandelkern überprüft eingehende Informationen ständig auf ihre Bedeutung und antwortet in Form von Emotionen. Die Amygdala wird auch häufig als die Alarmanlage des limbischen Systems bezeichnet. Sie bekommt blitzschnell eine Information von den Sinnesorganen und beurteilt, ob diese das Überleben gefährdet oder nicht. Falls ja, werden die Notfallreaktionen über den Hirnstamm eingeleitet. Die Mandelkerne sind damit bei Angst natürlich sehr aktiv. Auch das Sexualverhalten wird den Mandelkernen zugeordnet. Wie so oft hat die Wissenschaft ihre Erkenntnisse gewonnen, indem Tiere oder Menschen untersucht wurden, bei denen entsprechende Hirnteile verletzt wurden oder entfernt werden mussten. Wildvögel, deren Amygdala verletzt ist, werden plötzlich seelenruhig, wenn man sich nähert, obwohl sie unter normalen Umständen panisch weggeflogen wären. Laborratten mit beschädigtem Mandelkern untersuchen neugierig betäubte Katzen.

Der **Hippocampus** – präziser die beiden Hippocampi – gehören auch zum limbischen System. Hippocampus heißt übersetzt Seepferdchen. Über das Aussehen mag man streiten oder sich ekeln, die Funktion ist klar. Hier werden neue Gedächtnisinhalte gespeichert. Fehlt der Hippocampus oder ist er beschädigt, kann man sich nichts Neues merken. Passenderweise sind die Hippocampi von Tieren, die sich „gut erinnern können müssen" – zum Beispiel Eichhörnchen, die Nüsse verstecken –, ausgesprochen groß im Vergleich zu anderen Arten, die „von der Hand in den Mund" leben.

Der olfaktorische **Cortex** – das Riechhirn – wird von vielen Wissenschaftlern ebenfalls dem limbischen System zugeordnet. Es sitzt über der Nase und sendet Informationen des Geruchssinns auf kürzestem

Weg zum limbischen System. Bei den Hunden geht man davon aus, dass ein Drittel des Cortex mit der Verarbeitung von Gerüchen beschäftigt ist. Hunde haben zusätzlich zur Riechschleimhaut in der Nase noch das Jacobson-Organ, auch Vomeronasalorgan genannt. Dies ist ein bei vielen Wirbeltieren zusätzlich ausgebildetes Geruchsorgan. Es liegt direkt hinter den oberen Schneidezähnen. Es wird vermutet, dass das Jacobson-Organ eine direkte Verbindung zum limbischen System hat. Damit ist der Geruchssinn bei der Wahrnehmung von Gefahrenquellen höchst wahrscheinlich wichtiger, als wir Augentiere uns das vorstellen können. Hier haben wir dann auch wieder die Verbindung zu den konditionierten Angstauslösern. Die Wahrscheinlichkeit, dass ein Geruchsreiz einen Alarm im Hirn auslöst, ist aufgrund dieser Hirnstruktur viel wahrscheinlicher als bei einem optischen Reiz. Über dieses Organ werden auch Pheromone wahrgenommen und können damit im limbischen System auf schnellstem Weg für gute Stimmung sorgen. Pheromone sind Duftstoffe mit unterschiedlicher Wirkung auf den Organismus. Dies wird bei den unterstützenden Angstmaßnahmen noch einmal von Bedeutung sein.

Die nächste Struktur, die zum limbischen System gehört, ist der **Cyrus Cinguli** – die Gürtelstruktur. Diese Struktur liegt schon im Großhirn und ist zuständig für Aufmerksamkeit und Konzentration.

Nun noch eine Struktur mit schwerem Namen: **Corpus mamillare** – Brustwarzenkörper. Hier wird vermutet, dass diese Zellbereiche für die Abspeicherung von Gedächtnisinhalten entscheidend sein dürften.

Teile des oben schon beschriebenen Thalamus gehören ebenfalls zum limbischen System.

Nach dieser kleinen Lateinstunde nun zurück zu den Emotionen, die das limbische System generiert. Hier stellt sich zunächst die Frage, was genau eine Emotion überhaupt ist. Ich schreibe dauernd das Wort Emotion, Sie lesen es. Wenn man aber das Wort Emotion erklären muss, tut man sich extrem schwer. James Russell und Ernst Fehr, zwei Emotionsforscher, haben diesen Zusammenhang auf den Punkt gebracht: „Jeder weiß, was eine Emotion ist, bis er gebeten wird, eine Definition dafür zu geben. Eine Emotion ist ein komplexer Zustand, so viel steht fest. Typisch für eine Emotion ist, dass körperliche und mentale Prozesse gekoppelt werden." Ups! Jeder darf jetzt mal versuchen, das Wort Emotion einem Außerirdischen zu erklären. Sie fühlen sich hilflos? So ging es mir auch. Die gute Nachricht: Es gibt keine eindeutige Definition. Versuche gibt es viele, aber eine Einigung war bisher nicht möglich. Emotion geht auf die lateinischen Wörter „ex" und „movere" zurück und bedeutet sinngemäß: Bewegung nach außen. Eine Emotion verschafft uns die Möglichkeit, einen Reiz von außen aus unserer Umwelt einzuschätzen und zu entscheiden, welche Reaktion von uns auf diesen Reiz nach außen gezeigt wird. Zugegeben, das klingt jetzt abstrakt. Deutlich wird es am Beispiel eines Mannes, dessen limbisches System nicht funktioniert hat.

Diese Person hieß Elliot und war Patient des Neurologen Antonio Damasio. Elliot musste sich einen Tumor aus einem Areal im Stirnbereich entfernen lassen. Mit dieser OP verlor er die Fähigkeit Emotionen zu verspüren. Sein IQ, sein Gedächtnis, die Fähigkeit zu rechnen oder Schlüsse zu ziehen, waren unbeeinträchtigt. Aber er konnte kaum Entscheidungen treffen und er war nicht mehr in der Lage, sich in andere hineinzuversetzen. Das Bauchgefühl fehlte. Auch das Gefühl zu beurteilen, ob andere Menschen gute oder böse Absichten hatten, war verloren. Zeigte man ihm Bilder von Menschen in Notsituationen, sagte er: „Ich weiß, dass das schrecklich ist, aber ich fühle es nicht."

In der Folge verlor Elliot seinen Job, seine Familie und lebt seitdem allein. Einsam oder traurig ist er nicht. Sein Fall erklärt sehr gut, was Emotionen können und für uns leisten, auch ohne exakte wissenschaftliche Definition.

Worüber man sich übrigens relativ einig ist, sind die verschiedenen Emotionen, die im limbischen System angesiedelt sind:

- Seeking – Suche
- Fear – Angst
- Rage – Wut
- Lust – sexuelle Erregung
- Care – Fürsorge
- Panic/ grief – Traurigkeit, Trauer, Trennungsangst
- Play – Spielfreude

Unter *Seeking* wird die Suche nach Bedürfnisbefriedigung verstanden, zum Beispiel die Suche nach Futter, Freude, Zuwendung oder auch einem Sexualpartner. Auch das Neugierverhalten der Tiere fällt in dieses System. Möglicherweise überraschend in dieser Aufzählung ist für einige, dass Spielen auch zu den Emotionen gehört.

! Interessant für unser Angstproblem ist nun folgender Aspekt: Wenn das Emotionssystem „Angst" aktiviert ist, sind die Funktionen „Seeking" und „Play" blockiert. Ein Hund, der sich in einem Angstzustand befindet, kann nicht fressen oder spielen. Trainingsmethoden, die mit Futter oder Spielzeug ablenken wollen, haben sich damit erledigt. Sie laufen ins Leere und sind sinnfrei. Um den Kreis wieder zu

schließen – diesen Zusammenhang hatten wir schon im Fahrstuhlmodell: Unser Hund befindet sich fahrstuhltechnisch im Erdgeschoss und hat Angst. Fressen ist dort unmöglich. Ich muss also mit dem Fahrstuhl erst wieder in den ersten Stock, damit ich mit Futter irgendetwas erreichen kann.

Interessant ist auch die Lage der Emotionssysteme im Mandelkern. Reizt man einen bestimmten Teil der Amygdala, erhält man eine typische Angstreaktion. Stimuliert man einen anderen Teil der Amygdala, kann das zu einem Wutausbruch oder Angriff führen. Die Stimulierung eines dritten Bereichs erzeugt ein liebevolles Gefühl und ein außerordentlich freundliches Verhalten. Die Auslöser für drei Angstreaktionen – Flucht, Angriff und Beschwichtigung – liegen in der Amygdala dicht beieinander. Diese Nähe erlaubt einen sekundenschnellen Wechsel von einer Strategie zur anderen. Wenn sich der Feind nicht durch ein Lächeln besänftigen lässt, bedarf es nur einer geringfügigen Verstärkung der Aktivität in der Amygdala, um die Flucht auszulösen. Ist das nicht möglich, hat das Individuum die nötige Wut anzugreifen. Wenn das nicht durchdacht ist – von wem auch immer!

Der Schaltkreis der Angst

Mit diesem Wissen können wir jetzt den Weg der Angst durch das Gehirn beschreiben. Die Wissenschaft redet vom Schaltkreis der Angst. So zeigt die Forschung, dass der reflexhafte Angstalarm viel schneller abläuft, als der Verstand gegensteuern kann. Oder anders ausgedrückt: Die Amygdala reagiert schneller als der präfrontale Cortex.

Was heißt das? Als ich 2002 nach Tirol kam, hatte ich keine Ahnung, was ein Krampus ist. Nach Wikipedia ist ein Krampus eine Schreckgestalt des Adventsbrauchtums im Ostalpenraum, in Bayern und in Österreich, in Begleitung des Heiligen Nikolaus.

So kam es, dass ich 2002 auf dem Heimweg in Längenfeld in einer Straßensperre stand – nicht ahnend warum. Plötzlich sprangen diese Gestalten auf mein Auto zu, hämmerten auf die Scheiben und versuchten die Tür zu öffnen, was ihnen dank der Zentralverriegelung nicht gelang. Ich hatte

eine lehrbuchmäßige Stressreaktion, Adrenalin durchflutete meinen Körper. Der reflexhafte Angstalarm, gesteuert durch die Amygdala, bewirkte mein Zurückweichen in den Autositz. Wäre dort ein Loch gewesen, wäre ich verschwunden. Der Verstand, der präfrontale Cortex, reagierte Sekundenbruchteile später und lieferte die Erklärung, dass das wohl ein für mich neuer Teil des Tiroler Brauchtums sein musste.

Heute kenne ich zwar Krampusse, aber der Ablauf ist geblieben. Springt ein Krampus auf mich zu, weiche ich reflexartig zurück, auch wenn es immer weniger Schritte werden. Dann meldet sich der Verstand: „Bettina, die tun nix!", und der Körper entspannt sich. Die Reaktion der Amygdala kann ich aber auch mit aller Konzentration nicht verhindern.

Nun spielen wir diesen Weg durch das Gehirn noch einmal durch. Unsere Sinnesorgane leiten einen Reiz an den Thalamus weiter. Von hier aus gibt es zwei Wege der Verarbeitung, einen schnellen und fehleranfälligen Weg und den etwas langsameren, aber dafür präziseren Weg. Der Neurowissenschaftler LeDoux bezeichnet diese beiden Wege als Schaltkreise der Angst (Carter 2012).

Beim schnellen Weg erhält der Thalamus einen sensorischen Reiz, wie zum Beispiel „Ungeheuer springt auf das Auto zu", und leitet diese grobe Skizze des Sinneseindrucks direkt weiter an die Amygdala. Hier wird die Wichtigkeit der Botschaft beurteilt. Erfordert der Sinnesreiz Aufmerksamkeit, weil es sich zum Beispiel um etwas Bedrohliches handelt, leitet der Mandelkörper die angemessene körperliche Reaktion ein. Dies kann eine Form von Flucht, Angriff oder Erstarren sein. Ich erstarrte im Autositz. Die Stresshormone wurden ausgeschüttet.

Gleichzeitig wird die Information aber auch an den Cortex und den Hippocampus weitergeleitet. Bei dieser bewussten Route gelangt die Sinnesinformation vom Thalamus zuerst in den Cortex und den Hippocampus. Dort werden die Eindrücke detailliert analysiert. Es wird nach Informationen und Erinnerungen gesucht. So wird dann im Cortex die Information „Tiroler Brauchtum" gefunden und an die Amygdala weitergeleitet mit der Handlungsanweisung: „Du kannst Dich wieder entspannen." Dafür braucht das

Stellen wir jetzt wieder einen Zusammenhang zu den Nervenbahnen im Hirn her und erinnern uns: „Die Art und Weise der in unserem Gehirn angelegten Verschaltungen zwischen den Nervenzellen, die unser Denken, Fühlen und Handeln bestimmen, ist abhängig davon, wie oft wir diese Verschaltungen benutzen. Dies erklärt auch, warum ein ständiges Ausweichen vor Angstobjekten keinen Sinn macht. Werden im Cortex keine entsprechenden Informationen gefunden, reagiert die Amygdala und die Angst wird immer schlimmer.

Gehirn aber Zeit. Bis die Informationen über den Cortex zur Amygdala gelangen, dauert es doppelt so lange wie auf dem direkten Weg vom Thalamus.

Den ersten Weg bezeichnet LeDoux als „quick and dirty". Der Weg über den präfrontalen Cortex ist für ihn die so genannte „high road" der kognitiven Verarbeitung.

Dies erklärt, warum ich auch heute noch im ersten Moment zurückweiche und dann immer schneller wieder entspanne. Je öfter ich diese Situation erlebe, desto schneller erfolgt das Auffinden der Erinnerung im Cortex und umso schneller gibt es die Entwarnung.

Stellen wir jetzt wieder einen Zusammenhang zu den Nervenbahnen im Hirn her und erinnern uns: Die Art und Weise der in unserem Gehirn angelegten Verschaltungen zwischen den Nervenzellen, die unser Denken, Fühlen und Handeln bestimmen, ist abhängig davon, wie oft wir diese Verschaltungen benutzen. Je öfter ich also Krampusse treffe, desto schneller erfolgt der Abgleich zwischen Mandelkern und Cortex. Allein schon die Erfahrung, dass das Angstgefühl auch nachlässt, wenn man nicht wegläuft, modifiziert das Angstnetzwerk.

Zu Beginn gibt es nur einen kleinen, schmalen „Krampus-Pfad" zwischen den Hirnzellen. Je öfter ich diesen Pfad benutze, desto breiter wird der Weg und umso schneller fließt die Information. Dies erklärt auch, warum ein ständiges Ausweichen vor Angstobjekten keinen Sinn macht. Werden im Cortex keine entsprechenden Informationen gefunden, regiert die Amygdala und die Angst wird immer schlimmer. Gibt es aber im Cortex die Info, seit 2002 bis 2014 sind Krampusse ungefährlich, können wir die vom Mandelkörper ausgelöste Emotion Angst kontrollieren und sogar stoppen. Im besten Fall wird dieses Angstgedächtnis gelöscht (Carter 2012).

Interessant ist auch die Kooperation zwischen Hippocampus und der Amygdala. LeDoux beschreibt sie wie folgt: *„Der Hippocampus ist entscheidend dafür, dass Sie ein Gesicht als das Ihrer Cousine erkennen. Es ist der Mandelkern, der dann hinzufügt, dass Sie sie eigentlich nicht mögen."*

Angst und Neurotransmitter

Wir haben schon einige Gehirnstrukturen kennengelernt, zum Beispiel den Mandelkern oder das Großhirn. Jetzt gehen wir bei unserer Betrachtung mehr ins Detail und schauen, wie die Gehirnzellen und der Austausch unter ihnen funktionieren. Wir beschränken uns hier auf eine stark vereinfachte Darstellung, die den Neurowissenschaftler ins Schwitzen bringt, uns aber hilft, Angst besser zu verstehen.

Unser Gehirn ist ein kompliziertes Netzwerk aus Milliarden von Hirnzellen. Ein anderes Wort für Hirnzelle ist Neuron. Jede Zelle kann sich zum Informationsaustausch mit 10.000 anderen Neuronen verbinden. Es funktioniert so ähnlich wie ein soziales Netzwerk, zum Beispiel Facebook. Die Hirnzellen befreunden sich zum Informationsaustausch. Das ergibt den oben schon erwähnten Nervenpfad. Jedes Neuron hat viele Freunde und die wiederum haben auch wieder viele Freunde und so wird die Information im gesamten Gehirn und auch im Körper verbreitet.

Um unsere Freunde in Facebook zu informieren, posten wir Nachrichten. Die Gehirnzellen machen es so ähnlich. Sie schicken Boten mit einer Nachricht zur nächsten Zelle. Diese Boten heißen Neurotransmitter. Unterschiedliche Botschaften werden von verschiedenen Neurotransmittern transportiert. Die andere Zelle hat dann Postfächer oder Rezeptoren für die Neurotransmitter. Jede Botschaft muss empfangen und interpretiert werden. Wie eine Botschaft die Gehirnfunktion beeinflusst, hängt davon ab, wo sie im Gehirn empfangen wird. Bleiben wir beim Facebook-Beispiel. Sie verkünden auf Facebook Ihre neue Beziehung und senden ein entsprechendes Foto mit.

Ihr neuer Partner oder Partnerin wird sich verliebt darüber freuen, dass Sie die Beziehung öffentlich machen. Der oder die Verflossene bekommt einen Tobsuchtsanfall oder Weinkrampf. Ihre Mutter greift erbost zum Handy, weil Sie ihr noch nichts gesagt haben. Ihr bester Freund kommentiert: „Netter Käfer“ und der Chef überlegt sich disziplinarische Maßnahmen, weil Sie während der Arbeitszeit Facebook benutzen. Gleiche Botschaft, anderes Ergebnis oder andere Reaktion, je nach Empfänger.

Wissenschaftlich hört sich das so an:
Neurotransmitter wandern in der Regel von der Synapse des sendenden Neurons über ei-

nen synaptischen Spalt zu einer postsynaptischen Membran, die auf Axon, Dendriten oder Zellkörper einer weiteren empfangenden Nervenzelle sitzen kann. Sie werden auf der Ausgangsseite, also in der Synapse, auf Vorrat gebildet und in kleinen Bläschen, den Vesikeln, gespeichert. Läuft ein Aktionspotenzial ein, entleeren sich die Vesikel in den synaptischen Spalt. An der postsynaptischen Membran passen die Transmittermoleküle zu bestimmten Rezeptor-Proteinen wie der Schlüssel ins Schloss. Dort können sie erregend oder hemmend wirken – das hängt jeweils vom Transmitter selbst und in vielen Fällen auch vom speziellen Rezeptortyp ab. Auf jeden Fall entsteht ein Input, den das postsynaptische Neuron zusammen mit den von anderswo einlaufenden Signalen weiterverarbeiten kann.

Nach der Signalübertragung heißt es aufräumen: Damit die Synapse wieder neu funktionsfähig wird, müssen die Transmittermoleküle aus dem Spalt verschwinden. Zumindest bei denjenigen Substanzen, die für schnelle Kommunikation zuständig sind, hilft die präsynaptische Membran mit: Transportproteine sorgen für die Wiederaufnahme des Transmitters im Neuron. Dort wird er entweder wiederverwertet oder abgebaut.

Jeder Transmitter braucht also eine speziell auf ihn abgestimmte Maschinerie, damit Synthese, Freisetzung, Wirkung und Wiederaufnahme reibungslos funktionieren. [4]

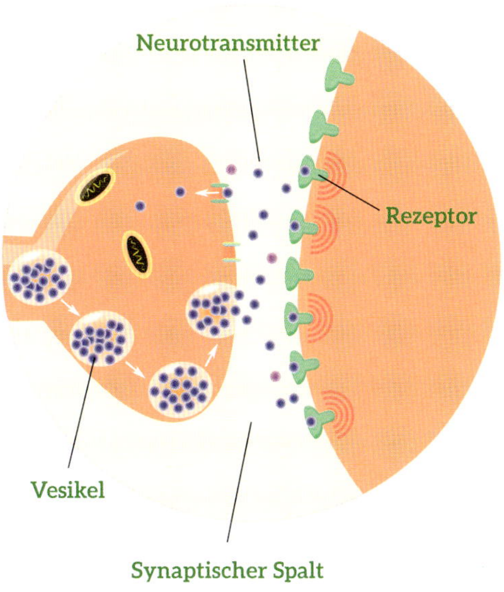

Schauen wir uns jetzt mal einen bestimmten Neurotransmitter an: das Dopamin. In einem Teil unseres Gehirns überbringt Dopamin die Nachricht: „Ich freue mich riesig!" (Glücksgefühl pur!) Denken wir in unserem Fahrstuhlmodell, sind wir im Erdgeschoss und bei den Emotionen. Um Angst zu bekämpfen, wäre dieser Transmitter also eine perfekte Unterstützung.

Wird Dopamin im denkenden Teil unseres Gehirns empfangen (1. Stock – Fahrstuhl – Cortex), erhöht es die Aufmerksamkeit und Konzentration. In einem anderen Hirnteil hilft Dopamin, die motorischen Funktionen zu unterstützen. So verlieren Menschen, die an Parkinson erkrankt sind, Dopamin. Auch bei Schizophrenie, Depression oder Suchterkrankungen spielt ein Dopamin-Ungleichgewicht eine der Hauptrollen. Ein zu wenig an Dopamin kann also Angstzustände auslösen, ein zu viel an Dopamin kennzeichnet den Balljunkie unter den Hunden.

4 aus „Neurotransmitter – Botenmoleküle im Gehirn" www.dasgehirn.info

Der Hirnstoffwechsel oder der Neurotransmitterhaushalt ist damit ein höchst komplexes System und auch dieses System strebt immer nach einem Gleichgewicht. Ein Ungleichgewicht im Neurotransmitterhaushalt kann zu Angststörungen, aber auch zu anderen Verhaltensstörungen oder Krankheiten führen. Folgende Ungleichgewichte bzw. Störungen sind möglich:

- Es kann zu wenig Neurotransmitter geben.
- Es kann zu viele Neurotransmitter geben.
- Der Rezeptor ist blockiert.

Ein Ungleichgewicht bei den Neurotransmittern kann unter anderem entstehen durch:

- zu wenig Schlaf
- schlechte Ernährung
- hektische und laute Umgebung

Basisemotion	**Schlüsselregion**	**Zentrale Neurotransmitter (+ = erregend; - = hemmend)**	**Emotionale Qualitäten**
SEEKING Generelle Motivation/ Erwartung	Nucleus Accubens – VTA Mesolimbische und mesocorticale Outputs Lateraler Hypothalamus – Periaquäduktales Grau (PAG)	Dopamin + Glutamat + Opioide + Neurotensin +	Interesse Frustration Verlangen (craving)
FEAR Angst/ Furcht	Zentrale und laterale Amygdala zum medialen Hypothalamus und dorsalen PAG	Glutamat + DBI, CRF, CCK, Alpha-MSH Neuropeptid Y	Angst Sorge Psychisches Trauma
RAGE Ärger/ Wut/ Zorn	Mediale Amygdala bis BNST Medialer und perifornicaler Hypothalamus zum PAG	ACh + Glutamat + Substanz P +	Wut Reizbarkeit Verachtung Hass
PANIC Panik durch Isolation	Anteriores Cingulum BNST & präoptisches Areal Dorsomedialer Thalamus Dorsales PAG	Glutamat + Opioide - CRF + Oxytozin - Prolactin -	Trennungsstress Trauer Schuld, Scham, Scheu, Peinlichkeit
CARE Fürsorge/ Pflege	Anteriores Cingulum BNST & präoptisches Areal PAG	Dopamin + Opioide +/- Oxytozin + Prolactin +	Fürsorge Liebe Anziehung (attraction)

Zentrale ZNS-Regionen und Neuromodulatoren der Basisemotionssysteme (nach Rüdiger Reinhardt 2014 (nach Panksepp 2001))

Betrachtet man diese drei Ursachen, erkennt man leicht, dass sie die typischen Umweltbedingungen von aus dem Ausland adoptierten Hunden beinhalten. Es gilt also erst einmal, sie (zumindest weitgehend) abzustellen und Grundbedürfnisse wie Schlaf, Ruhe, Sicherheit und vernünftige Nahrung zu befriedigen, bevor an ein Training gedacht werden kann. Sehr bekannte Neurotransmitter, die bei der Entstehung von Angstzuständen eine Rolle spielen, sind das Dopamin und das Serotonin.

Weniger bekannt, aber dafür häufiger bei der Nachrichtenübermittlung beteiligt, sind:

- Glutamat
- GABA (Gamma-Aminobuttersäure)
- Glycin
- Noradrenalin

Jedem der auf Seite 42 genannten sieben Emotionssysteme sind spezifische Neurotransmitter zugeordnet. So wird der Funktion Seeking zum Beispiel der Neurotransmitter Dopamin zugeordnet. Bei der Angst spielen die Glutamate die Hauptrolle.

Wer jetzt beim Lesen auf die Idee kommt, dass man ja nur das Neurotransmittergleichgewicht wiederherstellen muss, liegt gar nicht so falsch, denn genau das ist das Ziel von Psychopharmaka. Viele Medikamente, Drogen und auch Gifte greifen in diesen komplexen biochemischen Kreislauf ein, indem sie ihrerseits Transmitter-Rezeptoren aktivieren oder blockieren oder die Wiederaufnahme

hemmen. Natürlich ist dies mit Vor- und Nachteilen verbunden.

Jeder, der mit Tieren arbeitet, hat sicher schon Hunde getroffen, die sich offensichtlich in einem katastrophalen emotionalen Zustand befanden. Hier können Medikamente eine wichtige Hilfe sein, um sofort ein besseres Lebensgefühl herzustellen und das Gehirn zu beruhigen. Auch die Menschen sind oft an ihrem Limit, wenn zum Beispiel ein Hund durchgehend schreit. Hier kann ein Medikament helfen. Alle Beteiligten kommen zur Ruhe. Erste-Hilfe und die Trainingsmaßnahmen können so gleich von Anfang an rascher und effektiver greifen. Manchmal benötigen wir auch ein Medikament, um überhaupt einen Fuß in die Tür zu bekommen, um dann trainieren zu können. Wenn Hunde vor lauter Angst wie gelähmt sind, nicht ansprechbar sind, kann ein Medikament zum Türöffner werden.

! Die Medikamente verändern nicht nur bestimmte Hirnfunktionen und den Neurotransmitterhaushalt, sondern sie können Verhaltensreaktionen, wie zum Beispiel die Flucht, eindämmen und die Bildung des Angstgedächtnisses mindern. Sie können den Hund aber nicht heilen, sie durchbrechen nur den oben beschriebenen Teufelskreis der Angst und es kommt nicht zu einer fortschreitenden Eskalation. Gibt man allerdings nur die Medikamente, tritt das Angstverhalten nach Absetzen des Wirkstoffs in gleicher oder verstärkter Form wieder auf. Medikamente sollten also nur gegeben werden, wenn ein begleitendes Training stattfindet.

Viele Halter geben die Tabletten in der Hoffnung, dass sie durch diese auf ein zeitintensives Training verzichten können. Das funktioniert nicht. Wem ein lang angelegtes Training zu viel ist, der sollte unbedingt darauf verzichten, einen Angsthund aufzunehmen, denn er tut weder sich noch dem Tier etwas Gutes!

! Es versteht sich von selbst, dass eine solche Therapie von einem Tierarzt und von einem erfahrenen Hundetrainer gemeinsam begleitet werden muss. Bei der Auswahl eines Trainers sollten Sie also unbedingt nachfragen, ob auch ein guter und in diesem Thema erfahrener Tierarzt mit in die Therapie einbezogen wird. Vor der Gabe eines Medikamentes muss eine detaillierte Untersuchung des Hundes durch den Tierarzt erfolgen, um unerwünschte Nebenwirkungen oder Unverträglichkeiten zu verhindern. Ein guter Trainer wird vorab mit dem Tierarzt sprechen und die Behandlung wird auf den Trainingsplan abgestimmt. Erfolgt eine solche Abstimmung nicht, Finger weg von Arzt und Trainer!

Aus diesen Gründen wird hier auch nicht auf spezifische Präparate eingegangen. Es sind mittlerweile einige Präparate im Umlauf. Da hat der Nachbar noch eine Packung Psychopharmaka gegen Trennungsangst und gibt sie weiter, weil er sie nicht mehr braucht. Das System des Hirnstoffwechsels ist aber viel zu sensibel, als dass man dort einfach reinpfuschen sollte.

Die Zahl der Hunde, die unter einer so extremen Angststörung leiden, dass sie Psychopharmaka brauchen, ist Gott sei Dank verschwindend gering. Allerdings steigt ihre Zahl. Tiere werden bei lebendigem Leib verbrannt, sexuell missbraucht oder anderweitig misshandelt. Trifft man auf ein solches Tier, sollte man zumindest im Hinterkopf haben, dass man mit Hilfe von Medikamenten unterstützend eingreifen kann.

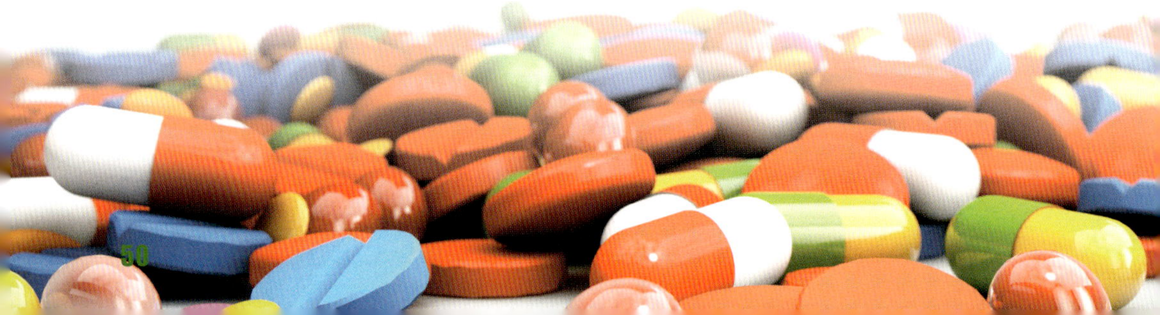

Erste Hilfe bei Angsthunden

Irgendetwas fehlt
und lässt dich taumeln Tag für Tag.
Du willst weiter gehen,
doch weißt nicht, wie lange du
das noch schaffst.
Und du sehnst dich so
nach diesem einen Atemzug,
der dich am Leben lässt
und dir sagt, dass das alles hier vergessen ist.

Und alles bis hierher
zählt ab heut' nichts mehr.

Denn alles Gute liegt vor dir.
Alles Gute liegt vor dir.

Für mich drücken die obigen Liedzeilen der Gruppe Silbermond das wichtigste Versprechen an den Hund aus: Alles Gute liegt ab jetzt vor Dir. Mit dieser und keiner anderen Einstellung sollte ein Angsthund und auch jedes andere Tier in das Leben eines Menschen einziehen.

Eine Absichtserklärung formulieren

Das Training eines Angsthundes kann unter Umständen sehr langwierig sein, das Zusammenleben kann schwierig werden. Wenn ein Hund voller Angst ist, hat er oft traumatische Erlebnisse hinter sich bringen müssen – deshalb sollte er sofort eine Art „Erste Hilfe" bekommen. Noch vor diesen Maßnahmen sollte einem jedoch klar sein, dass der Trainingserfolg wesentlich von der eigenen inneren Haltung gegenüber diesem Tier abhängt. Der Weg zu einem Hund, der das Leben wieder genießen kann, ist oft steinig und schwer. Das muss nicht so sein, kann es aber. Deshalb sollten Sie – möglichst vor der Aufnahme – den Familienrat zusammenrufen und es sollte geklärt werden, ob alle Beteiligten zu dem neuen Familienmitglied stehen. Oft hilft es, eine Absichtserklärung schriftlich niederzulegen und an gut sichtbarer Stelle aufzuhängen. Formulierungen für dieses Versprechen an den Hund könnten Folgendes enthalten:

- Herzlich Willkommen in unserer Familie, Noah! Herzlich Willkommen in meinem Leben, Nisha!
- Du hast es bis hierhin geschafft, das Schlimmste liegt hinter Dir. Ab heute gibt es nur noch Verbesserungen.
- Du hast unsere Unterstützung – egal wie lange es dauert.
- Ich habe mich für Dich entschieden, auch

wenn das bedeutet, dass es manchmal etwas holprig werden kann.

- Wir nehmen Dich, so wie Du bist.

Dies sind nur Beispiele dafür, was eine Absichtserklärung enthalten kann. Finden Sie Ihre eigenen persönlichen Worte. Eine solche Absichtserklärung hilft, sich wieder zu fokussieren und zu motivieren, wenn es mal stressig wird, es Rückschritte gibt oder Sie ein Tief haben. Ein Angsthund verändert das Leben. Viele Kompromisse müssen gemacht werden und das ist nicht immer leicht. Trotzdem lohnt es sich. Wenn Sie daran einmal zweifeln, lesen Sie Ihre Absichtserklärung und konzentrieren Sie sich auf das Gefühl, mit dem Sie sie geschrieben haben. Das gibt neue Kraft. ☺

EIN NEUER NAME?!

Bei den Hundevermittlungen, die ich begleitet habe, wurde ich oft gefragt, ob man den Namen des Hundes ändern darf. Die Antwort ist „Ja". Ein neuer Name markiert einen Neuanfang – für Sie und den Hund.

Unbedingt sollten Sie den Namen ändern, wenn er unfreundliche Assoziationen hervorruft, wie zum Beispiel „Devil", „Hexe", „Lumpi" usw. Wer würde sein Kind so nennen? Sicher niemand bei klarem Verstand. Warum müssen dann so liebenswerte Geschöpfe wie Hunde diese Bürde tragen?

Wenn Sie eh einen im Umgang eher schwierigen Hund haben, werden ihm die Mitmenschen sicher freundlicher begegnen, wenn er einen wohlklingenden, netten Namen hat.

Eine Amerikanische Bulldogge saß seit Monaten in einem Tierheim und niemand interessierte sich für sie. Ihr Name war „Beasty" (Englisch für Biest!). Die Leute lasen den Namen, schauten auf den massigen Hund und gingen sofort weiter. Auf Anraten einer Kollegin von mir wurde ihr Name in „Blümchen" geändert und sofort begannen die Besucher, nach ihr zu fragen. Man fand es niedlich, dass ein so großer Hund einen so niedlichen Namen hatte und assoziierte sofort, dass sie dann sicher auch freundlich sei – was übrigens auch tatsächlich der Fall war. Zwei Wochen später war sie nach erfolgreicher Vorkontrolle vermittelt.

Schmerzfreiheit sicherstellen

Durch Beobachtung des Hundes versucht man festzustellen, ob er Schmerzen oder Verletzungen hat, die zeitnah versorgt werden müssen. Eine ausführliche tierärztliche Untersuchung ist nicht immer gleich möglich oder sinnvoll, da sie für den Hund auch mit viel Aufregung und neuen Angstauslösern verbunden ist. Wenn Sie unsicher sind, wie es dem Hund geht, bitten Sie den Tierarzt Ihres Vertrauens zu einem Hausbesuch, damit er sich ein Bild von dem Gesundheitszustand des Hundes machen und eventuell Therapiemaßnahmen einleiten kann. Das Ziel für die ersten Tage nach dem Einzug ist ganz sicher Schmerzfreiheit. Nach einer Eingewöhnungszeit kann man dann eine komplette tierärztliche Untersuchung vornehmen lassen, denn wie schon erwähnt, sind die Symptome von Angst und Schmerzen sehr ähnlich.

Es kann sinnvoll sein, seinen Tierarzt frühzeitig darüber zu informieren, dass ein Angsthund einzieht. So kann er sich ebenfalls vorbereiten und zum Beispiel Zeit für einen Hausbesuch am Einzugstag einplanen. Oft ist es auch möglich – auch bei Auslandsadoptionen –, Kontakt mit dem vorher behandelnden Kollegen aufzunehmen, um eventuelle Krankheitsbilder und bisherige Therapien vorab zu besprechen. Bei einer Adoption können Sie von der Tierschutzorganisation auch schon ärztliche Befunde anfordern und dann an Ihren Tierarzt weiterleiten. So ist eine optimale medizinische Weiterversorgung des Hundes gewährleistet. Scheuen Sie sich nicht, hier

nachzufragen oder unbequem zu sein, es geht schließlich um das Wohl Ihres neuen Hundepartners.

Rückzugsmöglichkeiten aussuchen lassen

Jeder versucht, den Einzug seines Hundes gut vorzubereiten. Es werden Hundebetten gekauft und es wird lange überlegt, welches der beste Standort in der Wohnung sei. In der Regel wird aber nicht aus Hundesicht über diese Liegeplätze oder Rückzugsorte nachgedacht. Viele Hunde kennen zum Beispiel gar kein Hundebett und versuchen deshalb erst gar nicht darin zu schlafen. Zusätzlich steht dieses Bett häufig noch an Stellen, die der Hund in gar keiner Weise als sicher empfindet. Es ist also wichtig, dass er sich seinen Rückzugsort selbst aussuchen kann. Jamie hat bei seinem Einzug bei mir befunden, dass das unterste Fach eines Schranks der sicherste Platz sei. Ich meinte es gut und legte ihm eine Decke in das Re-

gal, was dazu führte, dass er den so veränderten Ort nicht mehr benutzte. Also habe ich die Decke wieder entfernt und er ging wieder ins Fach, das er für die erste Zeit der Eingewöhnung natürlich nutzen durfte. Es war lange Zeit sein wichtigster Rückzugsort, von dem aus er alles beobachtete und wo er am besten zur Ruhe kam. Wenn Sie beim Lesen dieses Szenarios nun Bedenken entwickeln, dass sich der Hund auf ewig im Schrank verschanzt und nicht zu erziehen ist, seien Sie beruhigt. Jamie schläft schon längst nicht mehr im Schrank und hat sich bestens entwickelt. Ein Herauszerren aus dem Fach hätte dem Vertrauensaufbau damals aber sicher im Wege gestanden!

In extremen Fällen werden Hunde in Holzverschlägen oder Kellerlöchern gehalten. Tageslicht dringt hier nur spärlich ein. Für einen solchen Hund baut man zunächst einmal etwas Ähnliches. Eine Holzkiste, in die er sich flüchten kann und die ihm ein vertrautes Gefühl vermittelt. So unverständlich, wie es für uns Menschen ist, dieser Holzverschlag war bisher das „Zuhause" dieses Hundes und hier fühlt er sich sicherer als im Designerbett. Falls jetzt Gedanken aufkommen, wie aufwändig das alles sein kann, dem sei geantwortet: Ja, es kann sehr aufwändig sein und deshalb brauchen Sie die oben angesprochene innere Haltung Ihrem Hund gegenüber und müssen an Ihr Versprechen denken, ihm zu helfen, wo immer Sie können.

Vor einem typischen Fehler sei hier gewarnt. Ist der Hund neu in der Familie, zieht er sich häufig tagsüber zurück, und erst wenn die Familie im Bett ist, startet er vorsichtige Versuche die Wohnung zu erkunden. Seine neuen Menschen liegen im Bett und hören das Tapsen der Pfoten. In der uns Menschen oft eigenen überfürsorglichen Art schaltet jemand das Licht an... und der Hund erschreckt sich und ist bis auf Weiteres wieder in seiner Ecke verschwunden. Bis er sich da wieder heraus traut, kann einige Zeit vergehen. Also, im Bett liegen bleiben und so tun, als ob man schläft, egal wie schwer das fällt. Nützlich ist es, in den ersten Tagen eine kleine Lampe im Flur oder dem sonstigen zentralen Wohnbereich brennen zu lassen. So kann der Hund sich gut orientieren und auch man selbst kann sehen, was er tut. Aber bitte keine Festbeleuchtung.

Futter/ Ernährung

Natürlich hat man auch das weltbeste Futter im Vorratsschrank oder Wild für die Frischfütterung in der Gefriertruhe. Was aber Ihr neuer Hausgenosse als schmackhaft empfindet, ist sehr individuell und auch davon abhängig, was es vorher zu fressen gab. Auf dem Bild sehen Sie das typische italienische Hundefutter: Pasta – verfeinert mit diversen anderen Essensresten. Kommt man nun mit Trockenfutter, Dose oder Frischfütterung, kann es gut sein, dass der Hund das Fressen komplett verweigert. Duffy – unser Spanier – hat das Rohfleisch ordentlich aussortiert und sich auf das Fressen der Reisflocken mit Gemüse beschränkt.

Auch die Futterschüssel ist häufig ein Problem, weil die Hunde sie nicht kennen oder auch Angst vor dem Geräusch haben, wenn sich die Schüssel auf dem Boden bewegt. So fressen einige Hunde erst einmal nur vom Boden – manchmal sind auch flache Pappschachteln oder Kartondeckel als Futternapf geeignet.

Auch Wasser ist nicht gleich Wasser. Auf dem Foto sehen Sie die Wasserqualität eines italienischen Kettenhundes. Wen wundert es, wenn ein Hund, der das getrunken hat,

mit dem klaren Leitungswasser, das ihm liebevoll hingestellt wird, überfordert ist.

Überfordert mit einer abrupten Nahrungsumstellung ist auch das Magen-Darm-System des Hundes. Erbrechen und Durchfall sind häufig die Folge. Das Krankheitsgefühl hilft weder bei der Eingewöhnung noch bei der Angstbewältigung. Wenn man also in Erfahrung bringen kann, was der Hund vorher bekommen hat, sollte man ihm in etwa das weiter geben und seine Ernährung erst allmählich umstellen.

Generell soll der Hund schmackhaftes Futter in ausreichender Menge bekommen. Die Tagesration teilt man in mehrere kleine Portionen auf, da bei Stress viel Magensaft produziert wird, der zu Magenschleimhautreizungen führen kann, wenn er immerzu in den leeren Magen läuft. Bekommt der Hund hingegen drei bis fünf kleine Mahlzeiten am Tag, verhindert man das in der Regel.

Kauartikel

Hunde können Stresshormone abbauen, indem sie kauen. Hier geht es nicht um

Kauartikel, die in ein paar Sekunden in ihre Bestandteile zerfallen, sondern um härtere wie Rinderkopfhaut oder Nasenknorpel, an denen sie ausdauernd nagen können. Je länger der Hund damit beschäftigt ist, umso besser. Das intensive Kauen bewirkt im Gehirn die Ausschüttung von Endorphinen und macht den Hund zufrieden.

Einige Hunde kennen solche Kauartikel nicht. Hier hilft es, eine Ecke in Wasser einzuweichen. Die aufgeweichte Ecke des Kauartikels verströmt einen intensiveren Geruch und motiviert zum Kauen. Kommt ein Hund bei uns an, legen wir auch Kartons, alte Handtücher mit einem Knoten darin oder auch ein Stück Tau in das Zimmer. Die Hunde suchen sich oft selbst etwas zum Kauen aus, wenn sie gestresst sind. Die Energie muss ja irgendwohin. Wird dieses Kauen verboten oder sind keine passenden Kauartikel vorhanden, besteht die Gefahr, dass die Hunde sich selbst benagen und belecken. Vor allem an den Extremitäten, in der Genitalgegend und an der Rute kann das so weit gehen, dass es zum Wundlecken bzw. Abknabbern der Haut und Muskelschicht kommt. Das sollte natürlich unbedingt verhindert werden.

Die Kauartikel stehen immer zur Verfügung, sie werden nicht weggenommen. Gerade in der ersten Zeit nach dem Einzug eines Angsthundes ist das Kaubedürfnis immens. Die Hunde kauen oft so lange, bis eine Kopfhaut vertilgt ist und fallen dann zufrieden in einen tiefen Schlaf.

Schlaf- und Ruhebedürfnis

Auch wenn es für viele Leser überraschend klingt, Hunde schlafen und ruhen tatsächlich zwischen 16 und 18 Stunden täglich – wenn man sie lässt. Die Kanidenforschung hat in den letzten Jahren viele neue Erkenntnisse gebracht. Gerade die Beobachtung von Straßenhunden hat gezeigt, wie Hunde ihre Zeit verbringen, wenn man sie einfach tun lässt, was sie wollen. Die Hunde unternehmen gar nicht besonders viel und energieraubende Anstrengungen sind eher selten. Provokant gesagt: Agility, Dogdancing oder Flyball machen sie nicht! Was machen sie dann?

Das Territorium wird täglich abgelaufen, um die Kontrolle über Futterquellen der netten Tierschützer zu behalten, Konkurrenten zu identifizieren und zu vertreiben oder möglicherweise einen passenden Sexualpartner zu finden. Dieser Reviergang findet aber nicht joggend statt, sondern mit vielen Schnüffelpausen.

Die Nahrungsversorgung muss sichergestellt werden. Die Näpfe der Haushunde und Hauskatzen werden kontrolliert, Komposthaufen und Abfalleimer geprüft. Es wird also einiges an Zeit für den Nahrungserwerb und das Zerkauen der Nahrung aufgewendet.

Bei ausreichendem Nahrungsangebot und ansonsten sicherer Umgebung wird auch mal kurz gespielt, je jünger die Tiere, desto häufiger. Der Rest der Zeit wird mit Ruhen und Schlafen verbracht. Wobei „Rest" der falsche Ausdruck ist, denn mit bis zu 18 Stunden (!) handelt es sich dabei eigentlich um den größten Teil des Tages.

Welche Schlüsse können wir also für den Alltag mit unseren Hunden – nicht nur mit Angsthunden – ziehen? Hunde brauchen Ruhephasen und Schlaf! Viel mehr Ruhe und Schlaf, als wir Menschen uns und ihnen meist gönnen. Und auch wirklich Ruhe, womit gemeint ist, dass der Hund Gelegenheit hat, sich zurückzuziehen, wenn er das möchte.

Je nach Vorgeschichte des Angsthundes kann es sein, dass er in der ersten Zeit fast ausschließlich schläft. Angsthunde bewegen sich häufig nur in der Nacht. Bei meinen ersten Angsthunden habe ich mich noch angeschlichen und geschaut, ob sich der Brustkorb noch hebt, wenn allzu lange keine Aktivitäten gezeigt wurden. Bei besonders ängstlichen Exemplaren schaue ich heute mit dem Fernglas. Man entwickelt sich ja schließlich.

Spazierengehen

Damit sind wir gleich bei dem nächsten wichtigen Thema: dem Spaziergang. Natürlich glaubt jeder Hundehalter, dass der Hund spazieren gehen muss, mindestens drei Mal am Tag. Kommt aber ein Angsthund ins Haus, ist der Spaziergang erst einmal komplett überbewertet. Die meisten Hunde haben mit der Verarbeitung ihrer neuen Umgebung so viel zu tun, dass ein Spaziergang sie nur noch mehr verunsichern, stressen und/ oder in Angst versetzen würde. Geben Sie ihm deshalb zunächst Zeit, Haus und Garten zu erkunden. Ist er hier entspannt, kann man sich auf die ersten kleinen Runden wagen und sich so langsam Spazierrunde für Spazierrunde erarbeiten.

Aber was tun, wenn man in einer Wohnung ohne Garten lebt? Meine langjährige Vermittlungserfahrung hat gezeigt, dass die Vermittlung eines Hundes mit multiplen Ängsten tatsächlich nur funktioniert, wenn man nicht gleich spazieren gehen muss, sondern ein Garten in den ersten schwierigen Wochen hilft. Ausnahmen bestätigen hier die Regel und natürlich hängt es sehr von der Art der Angst ab, die ein Hund hat. Trotzdem bleibt zu sagen, dass die Vermittlung eines Angsthundes in eine Etagenwohnung meist keine gute Idee ist.

Die richtige Sicherung des Hundes wird im Kapitel über Brustgeschirr und Leine beschrieben.

Rituale und Strukturen

Für Hunde mit Angst sind tägliche, feste Rituale eine Art Rettungsanker. Das Leben wird so für sie überschaubarer und berechenbarer. Frauchen steht auf, drückt den Knopf auf der Kaffeemaschine – Lärm, der vorbeigeht. Dann geht es auf zur ersten Gartenrunde. Danach gibt es Fressen und man kann wieder schlafen. Der Hund lernt so Tag für Tag, dass ihm nichts mehr passiert. Das Futter ist sicher. Die Grundbedürfnisse werden befriedigt. Es droht keine Gefahr, Körper und Geist können vom ständigen Sicherungsmodus herunterfahren und sich entspannen. Bedenken Sie: Ein Angsthund stuft jeden neuen Reiz als potentiell gefährlich ein, bis er seine Ungefährlichkeit bewiesen hat. Das ist extrem anstrengend!

Das bedeutet nicht, dass Sie durch die Wohnung schleichen, das Handy leise stellen, keinen Besuch mehr empfangen usw., damit der Hund so wenig Stress wie möglich hat. Dies führt nämlich nur dazu, dass Sie sich völlig unnatürlich benehmen, was der Hund bemerkt und wieder als mögliche Gefahr einstuft. Es geht einfach nur darum, einige Orientierungspunkte im Tagesablauf vorzugeben, die sich wiederholen, damit der Hund sich auf sie einstellen kann.

Achten Sie auch darauf, sich nicht allzu sehr auf den Hund zu fokussieren, denn wenn Sie sich komplett und ausschließlich auf den Hund konzentrieren, kommt dieser mit Ihrer Überfürsorge nicht klar und wird eher noch ängstlicher.

Zeit, Zeit und noch mal Zeit

Man kann es einfach nicht oft genug sagen, die Überwindung von Angst und der Aufbau von Vertrauen braucht Zeit. Wie viel Zeit, hängt vom jeweiligen Hund ab. Jeder, der hier irgendwelche Prognosen abgibt, arbeitet aus meiner Sicht unseriös. Es gibt viel zu viele Faktoren, die das Geschehen beeinflussen, als dass man sie alle im Zusammenspiel kontrollieren und so eine Prognose stellen könnte.

Genauso sollte jeder, der darauf spekuliert, dass ein Angstproblem innerhalb von vier Wochen überwunden sein wird, Abstand von dem Projekt „Angsthund“ nehmen. Es ist nicht fair gegenüber dem Hund. Fragen Sie mal bei Gelegenheit Menschen mit

Bedenken Sie: Ein Angsthund stuft jeden neuen Reiz als potentiell gefährlich ein, bis er seine Ungefährlichkeit bewiesen hat. Das ist extrem anstrengend!

Angstproblemen, wie lange sie schon daran arbeiten, ihre Angst zu überwinden. In vielen Fällen ist es eine lebenslange Arbeit mit Verbesserungen, aber auch Rückschritten.

Noah ist im April 2010 in unsere Familie gekommen. Seine Angst vor Berührung war sehr groß. Lange Zeit war Streicheln nur am frühen Morgen zwischen 7.00 Uhr und 7.30 Uhr möglich. Hat man ihn außerhalb dieser Zeit gestreichelt, erstarrte er und nutzte die nächste Möglichkeit zu gehen. Wir wussten zunächst nicht, warum das so war. Später stellte sich heraus, dass er Schmerzen hatte. Inzwischen kommt Noah auch tagsüber mal, um sich Streicheleinheiten abzuholen, aber nur kurz. Man darf es nicht übertreiben, sonst ist er sofort wieder weg. Es dauerte vier Jahre, bis Noah es überhaupt zuließ. Es ist also wichtig, von Zeit zu Zeit die eigene Erwartungshaltung zu überprüfen, denn es gibt Grenzen des Trainings. Das Hochgefühl, wenn so ein Hund aber zum ersten Mal zum Streicheln kommt oder Sie wedelnd begrüßt, ist allerdings unbeschreiblich.

Ein Tagebuch führen

Bei uns Menschen dominiert oftmals das Kurzzeitgedächtnis für Dinge, die nicht optimal gelaufen sind. So fragt man in der Trainingsstunde auf dem Hundeplatz beispielsweise: „Wie hat denn das Abrufen in der letzten Woche geklappt?“ Antwort: „Gar nicht! Max hat das mit dem Abrufen nicht verstanden.“ Nun erkundigt man sich genau, in welcher Situation es nicht geklappt hat und daraufhin kommt die schöne Antwort: „Ja, also bis gestern ist er super gekommen beim Abrufen, aber heute Morgen beim Misthaufen hat er es überhaupt nicht gemacht." Wir Menschen fokussieren uns auf das Negative, eine blöde Eigenschaft. Es bietet sich also an, sich ein Mal am Tag hinzusetzen und die letzten 24 Stunden Revue passieren zu lassen. Man kann das notieren, was gut gelaufen ist und hält auch die kritischen Situationen fest. So wird man wesentlich objektiver. Der Blick auch für das Positive wird geschärft und Fortschritte werden so viel besser sichtbar. Oft lassen sich auch Angstmuster besser erkennen. So hatte Sam, laut seinem Frauchen, zu Beginn des Trainings Geräuschangst. Nach der Durchsicht der Einträge über zwei Wochen konnten wir die Geräusche deutlich eingrenzen. Panikauslöser war das Einwerfen von Flaschen in einen Altglascontainer. Mit einer solchen Information lässt es sich wesentlich besser trainieren als mit der allgemeinen Aussage Angst vor (generell allen) Geräuschen.

Auch der Partner, Freunde oder Verwandte sieht die Entwicklung des Hundes oft anders als man selbst. Ein Austausch ist hier absolut gewinnbringend. Es hilft also, wenn jeder, der intensiver mit dem Hund zu tun hat, sich seine Notizen macht und man diese vergleicht.

Nie werde ich einen Besuch meiner Mutter vergessen. Mein Hund Jamie lag zitternd in seinem Korb. Nachdem ich mich mal wieder auf das Thema Angst fokussiert hatte, erklärte ich voller Überzeugung: „Jamie hatte heute einen stressigen Tag und fürchtet sich vor dem Hin und Her im Hausflur." Meine Mutter setzte sich auf mein Sofa, trank einen Kaffee und nach einer Weile sagte sie: „Bettina, dem Hund ist kalt." Sie hatte recht. Zugedeckt mit einer Fleecedecke hörte das Zittern schlagartig auf und ihm fielen die Augen zu. Austausch ist immens wichtig, damit man das Wesentliche nicht aus den Augen verliert. Natürlich glaubt man beim Angsthund immer an Angst, aber es kann auch etwas ganz Anderes sein.

Beim Tagebuch sollten Sie nicht nur Ihre Sicht der Dinge niederschreiben. Versetzen Sie sich auch immer mal wieder in Ihren Hund. Wie war der Tag wohl für ihn? Was hat ihm gefallen und worauf hätte Ihr Hund heute lieber verzichtet? Wenn Sie bei dieser Übung ehrlich mit sich selbst sind, führt das zu so manchem Erkenntnisgewinn.

Empathie

„Probleme mit Tieren lassen sich nur dann lösen, wenn man ihre Perspektive einnimmt – und zwar wortwörtlich."
Temple Grandin, Autistin, Psychologin und Tierwissenschaftlerin (http://www.wuff.at/cms/Training-mit-Angsthund.1991.0.html)

All das, was wir bis hierhin gelernt haben, nützt uns nichts, wenn wir keine Empathie für unser Tier haben. Empathie bezeichnet die Fähigkeit und Bereitschaft, Gedanken, Emotionen, Motive und Persönlichkeitsmerkmale einer anderen Person oder eines Tieres zu erkennen und zu verstehen. Elliot, der Patient mit zerstörter Amygdala, war nicht empathisch.

Jetzt gibt es Personen, die haben einfach diese Gabe, ohne groß darüber nachzudenken. Es gibt auch Menschen, die telepathisch mit Tieren kommunizieren können und so einen Zugang zum Tier finden und seine Perspektive einnehmen.

Wer sich hier nicht begabt oder berufen fühlt, für den ist die Dog Empathy Map ein weiteres Hilfsmittel, sich besser in seinen Hund hineinversetzen zu können.

Die Empathy Map kommt eigentlich aus dem Marketing und soll dazu dienen, sich in den Kunden hineinzuversetzen, um neue Produkte zu entwickeln oder Verkaufszahlen zu steigern:
„Die meisten Leute haben bereits, was sie wirklich brauchen – und wissen das auch. Um zu verkaufen, müssen vielmehr die unbewuss-

Dog Empathy Map

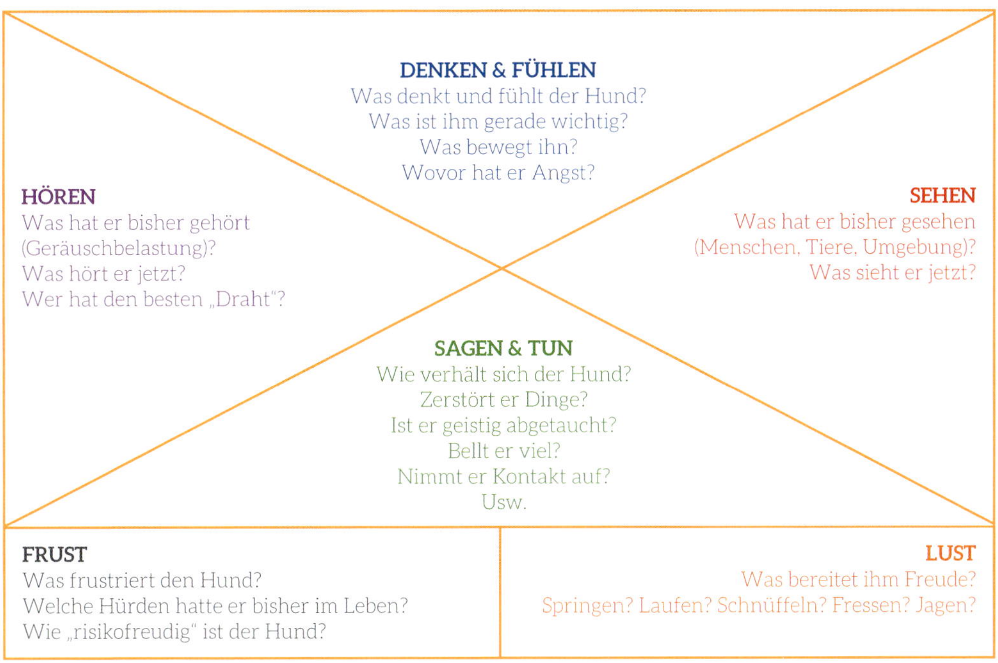

ten Bedürfnisse, Wünsche und Probleme des Kunden erkannt werden, noch bevor dieser es selbst tut. Man muss also dem Kundenwunsch zuvor kommen oder diesen antizipieren. Das funktioniert nur, indem konsequent mit der Kundenbrille gedacht wird; d.h. also die Beschäftigung mit den Bedürfnissen, Möglichkeiten, der Umwelt und Emotionen der Kunden. Die Empathy Map hilft beim Perspektivenwechsel. Der Vorteil gegenüber einer direkten Befragung? Schon Henry Ford sagte: ‚Wenn ich die Menschen gefragt hätte, was sie wollen, hätten sie gesagt schnellere Pferde.'"
(Stefan Bornemann in http://www.lead-conduct.de/2014/02/02/empathy-map/)

Ich habe die Empathy Map für das Hundetraining adaptiert. Dabei geht es darum, sich aus Sicht des Hundes durch die verschiedenen Lebensbereiche zu denken und zu fühlen und dabei Notizen zu machen. Allein diese durch Fragen geführte Auseinandersetzung mit dem Hund wird Sie zu neuen Erkenntnissen führen.

Gehen Sie die Punkte Stück für Stück durch und lassen Sie sich dabei ganz auf die Perspektive Ihres Hundes ein. Es empfiehlt sich, die Dog Empathy Map immer mal wieder auszupacken und in regelmäßigen Abständen zu erstellen. So bemerken Sie Probleme vielleicht schon, wenn sie noch Problemchen und somit leicht zu lösen sind. Die Dog Empathy Map ist immer auch ein guter Einstieg in ein Angsthundetraining, wenn der Hund schon länger in der Familie ist.

Im nächsten Kapitel kommen wir nun zu den Trainingsschritten.

Trainingsmaßnahmen bei Angst

Natürlich haben viele Menschen beim Thema Trainingsmaßnahmen die Erwartung, dass nach dem Training die Angst verschwunden ist oder dass es im Fall einer akuten Angstreaktion ein Signal gibt, das diese unterbricht. Ihr Hund hat beispielsweise Angst vor Kühen und Sie wünschen sich berechtigterweise ein Signal, das ihn umdrehen lässt, wenn er eine Kuh sieht. Aber so geht es leider nicht. Es gibt einige Objektängste, bei denen Sie das Angstverhalten löschen können, in der Regel hilft das Training aber eher, die Angstreaktion zu verkürzen oder abzuschwächen. Wenn Sie an die zwei Schaltkreise im Gehirn denken, wird der erste, schnelle Schaltkreis häufig eine Angstreaktion einleiten. Training kann uns helfen, die Intensität der Angst abzuschwächen. Es hilft, die Lebensqualität von Hund und Mensch zu verbessern, es macht aus einem Angsthund aber keinen Draufgänger.

Auf „Kochrezepte" werde ich deshalb, wie angekündigt, verzichten, aber Grundpfeiler des Trainings gibt es natürlich schon. Nachdem es im Training immer um das Mensch-Hund-Team geht, sollte man auch immer beide Parteien betrachten. Beginnen wir mit dem Hund. Das ist bedeutend einfacher als das Menschentraining und bringt die vielleicht nötige Reflexion. ☺

Man kann es nicht oft genug sagen: Vor jedem Verhaltenstraining sollte sichergestellt sein, dass der Hund gesund ist. Eventuell festgestellte Krankheiten müssen bei der Gestaltung des Trainings berücksichtigt werden. Bei einer Schilddrüsenunterfunktion muss das substituierte Thyroxin beispielsweise erst einmal wirken. Hat der Hund Probleme mit dem Bewegungsapparat, muss man eine eventuell sinnvolle Gerätearbeit an die Möglichkeiten des Hundes anpassen.

In einem nächsten Schritt überprüft man, ob die Grundbedürfnisse des Hundes befriedigt sind. Hier kann die Bedürfnispyramide nach Maslow helfen (siehe Folgeseite). Diese wurde ursprünglich für uns Menschen entwickelt, Kollegen von mir haben sie aber hervorragend an die Bedürfnisse unserer Haustiere angepasst. Die Pyramide beginnt mit den Basisbedürfnissen und arbeitet sich dann Stufe für Stufe nach oben, immer davon ausgehend, wie ein Hund größtmögliche Zufriedenheit erreicht. Selbstverständlich können nicht immer alle Bedürfnisse zu jedem Zeitpunkt befriedigt werden, aber zumindest ist es wichtig, sie überhaupt zu kennen, um sie so gut wie möglich zu erfüllen.

Bevor man an ein gezieltes Training denken kann, müssen die physiologischen Bedürfnisse und die Sicherheitsbedürfnisse des Hundes erfüllt sein.

Denken wir wieder an das dreiteilige Hirnmodell. Die Grundbedürfnisse des Hundes im Untergeschoss müssen geregelt sein. Bei Schlafmangel, Hunger oder andauernder Kälte geht es um das tägliche Überleben. Im Gehirn ist keine Kapazität für Verhaltensänderungen. Um wieder einen Vergleich zum Menschen zu ziehen: Wenn man im Winter seine Wohnung verliert, unter der Brücke schlafen muss und das tägliche Essen nicht gesichert ist, braucht man nicht über eine berufliche Weiterbildung, Aufarbeitung psychischer Probleme oder Verbesserung der Sozialkompetenz nachzudenken. Der tägliche Überlebenskampf bestimmt das Denken und Handeln.

Im limbischen System muss zumindest ein Gefühl von Sicherheit gegeben sein, sonst können Trainingsmaßnahmen im Cortex nicht gespeichert werden. Unterstützt wird diese These auch durch die Beobachtung, dass Tiere nur spielen, wenn sie sich in einem sicheren Umfeld befinden. Trainingsmaßnahmen, die ein Spiel einsetzen wollen, um den Hund „aufzumuntern" oder abzulenken, machen also keinen Sinn! Trotzdem ist dies ein sehr beliebter Trainingsversuch – genau wie Ablenkung durch Futter, die bei großer Angst ebenso wenig funktioniert.

Je nach Vorgeschichte des Hundes muss er anhand der schon erwähnten Rituale und Strukturen lernen, dass:

Quelle: Tschentscher & v. Reinhardt 2012

- Nahrung im ausreichenden Maß vorhanden ist,
- er ungestört schlafen kann,
- er keine Schmerzen hat,
- Bewegung möglich und er nicht auf engem Raum eingesperrt ist und
- keine unmittelbaren Gefahren in seinem neuen Zuhause lauern.

Ist das gegeben, normalisiert sich der Neurotransmitterhaushalt im Hirnstoffwechsel und es stellt sich ein positiveres Lebensgefühl ein. Der Hund schöpft Hoffnung. Damit wird die Angst nicht verschwunden sein, aber es ist ein Puzzleteil in Sachen Angstbekämpfung. Wir reden bei dieser Anpassung übrigens nicht von zwei bis drei Tagen, sondern von Wochen und Monaten.

Danach geht es daran, das Selbstvertrauen des Hundes zu steigern. In der Pyramide arbeitet man sich hoch, Sozial- und Individualbedürfnisse des Hundes werden bearbeitet.

Wir müssen Maßnahmen finden,
- die das Selbstvertrauen des Hundes stärken,
- die das Vertrauen zu uns Menschen aufbauen oder steigern und
- die eine positive Erwartungshaltung (möglichst auf beiden Seiten) unterstützen.

Der Hund muss zuerst wieder Lebensqualität und -freude entwickeln, damit die Angstsituationen bewältigt werden können. Im limbischen System muss der Positivspeicher gefüllt werden. Im Gegenzug leert sich der Negativspeicher. Ist nämlich der Negativspeicher im limbischen System gefüllt, wird durch die negative Erwartungshaltung das Auffüllen des Positivspeichers erschwert. Selbstverständlich können wir negative Erlebnisse nicht auslöschen, aber wir können sie in den Hintergrund treten lassen.

Aufbau des Selbstvertrauens und Steigerung des Wohlbefindens

Wie kann das gelingen? Kommen wir zu meiner Nisha zurück. Nach vielen Trainingsversuchen, die ihre Situation verschlimmert haben – sie war sogar vier Tage und Nächte verschwunden, weil sie mir in einer Angstsituation davongelaufen war –, habe ich irgendwann beschlossen: Alles zurück auf Anfang. Die vielen Bücher verschwanden in der Ecke und die Ratschläge der diversen Trainer wurden in einer Hirnschublade verstaut und verschlossen.

Ich begann damit, Nisha zu beobachten. Dabei habe ich versucht, herauszufinden, was sie fühlt. Was macht ihr Spaß? Gab es da überhaupt irgendetwas? Über dem ganzen Training hatte ich nämlich vergessen, auf meinen Hund zu schauen, mich in ihn hineinzuversetzen.

So fuhr ich mit ihr auf eine Wiese. Mit einer laaangen Schleppleine gesichert ließ ich sie die Wiese erkunden und setzte mich dazu. Ich habe nur beobachtet und nichts Besonderes mit ihr gemacht. Wer mich kennt, weiß um die persönliche Herausforderung! So ging das ein paar Tage. Wir konnten danach die Wiese umrunden und ich habe etwas gefunden, das ihr Spaß machte: Springen! Zuerst ging es ganz vorsichtig über einen kleinen Bach und dann über einen liegenden Baumstamm.

Ich werde ihr Gesicht nie vergessen, als ich zuerst über einen Baumstamm sprang. Sie schaute mich an und sprang hinterher. Dafür gab es Mozzarella. Das war der Weg in Nishas Positivspeicher des limbischen Systems. Springen, gutes Futter und Wohlfühlen. Dann begann der Cortex zu arbeiten. Funktioniert das noch einmal? Sie sprang noch einmal über den Baum und wieder gab es Mozzarella. Von da an sind wir gesprungen, über alles, was ging. Wir konnten dann langsam kleinere Wanderungen machen und bis zur Bergtour ausdehnen. In den meisten Fällen konnte das kleine Wörtchen „Hopp" verhindern, dass sie unterwegs in eine Angstreaktion kippte – aber nicht immer. Das Springen ist das Alternativverhalten zum Angsthaben geworden.

Noah – Nishas Bruder – musste seine Angst über Rennen kompensieren. Laufen hilft, die Stresshormone im Blut abzubauen. Als

Noah bei mir einzog, hatte ich gerade keinen Hundeplatz und auch keinen Garten. Er durfte sich in einem Freibadgelände „ausrennen". Es war Winter und auf freundliches Nachfragen durfte ich den Hund dort rennen lassen. Angsthundetraining erfordert ein Höchstmaß an Kreativität.

Cesar, unser Rhodesian Ridgeback-Mischling, wurde in einem Verschlag gehalten und musste eine Schutzhundausbildung absolvieren, bis er als ungeeignet aussortiert wurde. Bei uns angekommen, war seine Angst vor uns riesengroß und in einer Angstsituation bevorzugte er den Angriff. Über mehrere Wochen fuhren wir mit ihm auf den Hundeplatz. Das Tor wurde verriegelt, die Autotür geöffnet und Cesar ist gerannt und gerannt und gerannt. Cesar und Noah haben nach diesen Laufaktionen den Rest des Tages verschlafen.

Neben Rennen und Springen können Übungen wie Balancieren über Bäume und Wackelbretter das Selbstvertrauen stärken.

Bewegung entstresst, schafft ein positives Lebensgefühl und stärkt damit das Selbstvertrauen. Allerdings nicht jede Bewegung! Wenn Sie zum Beispiel versuchen, den Hund durch wilde Ballspiele oder durch aufgeregte Rennspiele mit anderen Hunden zu entstressen, werden Sie ganz schnell merken, dass das nicht funktioniert, sondern – ganz im Gegenteil – noch mehr Stress verursacht, weil bei beidem Adrenalin ausgeschüttet wird. Das lässt sich mit einem Menschen vergleichen, der einen sehr anstrengenden Beruf hat und zum Ausgleich zum Bungee-Jumping geht, wobei er sich mit einem Gummiseil um die

Fußfesseln gewickelt 100 Meter in die Tiefe stürzt. Zur Ruhe und zum Ausgleich kommt er damit bestimmt nicht.

! Unter Bewegung versteht man also kein hektisches Herumgerenne und auch keine erzwungenen stundenlangen Spaziergänge an der Leine. Es geht um freie, vom Hund selbst bestimmte Bewegungen. Der Hund soll jederzeit aufhören können. Aus diesem Grund fällt auch Longiertraining oder das Laufband für (nicht nur ängstliche!) Hunde aus. Genauso wie man sich bei vielen Hundesportarten fragen sollte: „Macht das auch dem Hund Spaß – oder nur dem Menschen?"

Man muss den Hund beobachten und herausfinden, was ihm Spaß macht. Und ich wäre damals froh gewesen über alles, selbst wenn Nisha sich im Misthaufen gewälzt hätte, denn es wäre Aktivität gewesen und keine Teilnahmslosigkeit.

Wichtig ist es, in kleinen Schritten zu arbeiten. Schon die Vorderpfoten auf dem Baum werden belohnt. Im Extremfall belohnt man sogar schon das interessierte Anschauen des Baumes.

Bei der Trainingsplanung in Minischritten und bei der Verbesserung meiner Geduld hat mir sehr das Training von anderen Tieren geholfen. Wenn ich zum Beispiel versuche einem Huhn beizubringen, auf eine Stange zu hüpfen, muss ich tatsächlich bei Null anfangen und kann nichts voraussetzen:

- Huhn schaut Stange an – Belohnung
- Huhn dreht sich in Richtung Stange – Belohnung
- Huhn setzt einen Fuß in Richtung Stange – Belohnung
- Huhn setzt Fuß für Fuß in Richtung Stange – Belohnung
- Huhn berührt die Stange – Belohnung
- Huhn setzt einen Fuß auf die Stange – Belohnung
- usw.

Das ist nicht etwa eine Trainingseinheit, sondern das sind viele kleine Trainingseinheiten über mehrere Tage verteilt. In der Regel erwartet man vom Hund und auch von sich selbst viel zu große Schritte. Der Frust und die Angst werden so ganz schnell wieder größer und der Hund arbeitet nicht mehr mit. Das Huhn sowieso nicht. Gute Trainingspartner sind auch Ratten oder Meerschweinchen. Auch sie erwarten ein durchdachtes Training in kleinen Schritten, sonst machen sie einfach nicht mit. Ebenso sind Pferde sehr gut geeignet darüber nachzudenken, wie man ein Tier dazu bringen kann, an einen bestimmten Ort zu gehen, wenn es eigentlich nicht will und es definitiv zu groß und zu schwer ist, als dass man es dorthin ziehen oder tragen könnte. Man muss lernen, über kleine Lernschritte und in Kooperation mit dem Tier zu arbeiten, sonst klappt es einfach nicht.

Rechts eine kleine Bildfolge, die zeigt, wie schwer es für einen ängstlichen Hund sein kann, ein Leckerli aus der Hand zu nehmen. Wie Sie sehen, weicht Jamie zunächst immer wieder zurück, beschwichtigt, versucht es doch wieder, weicht wieder zurück usw. – bis er sich schließlich traut, es zu nehmen. Geduld und viele kleine Schritte führen zum Erfolg. Einfach so ein Leckerli geben, ist bei Angsthunden meist nicht möglich.

Für viele Angsthunde sind die verschiedenen Formen der Nasenarbeit eine ideale Möglichkeit, ihr Selbstvertrauen und Wohlbefinden zu steigern. So fanden wir heraus, dass sich Jamie, der vor allem vor Geräuschen und Menschen Angst hat, über Nasenarbeit entspannen kann. Also haben wir hierauf aufgebaut. Heute erschnüffelt er alle Fährten und hat Spaß an der Geruchsunterscheidung.

Gehen wir jetzt zurück zu unserem Gehirn. Arbeitet das Geruchszentrum, kann der Hund nicht gleichzeitig große Angst haben. Zusätzlich schmeckt das Futter am Ende der Spur, erzeugt ein Wohlgefühl und die erfolgreiche Arbeit des Suchens stärkt das Selbstvertrauen. Und nun zum anderen Ende der Leine: Ich habe noch keinen Menschen erlebt, der nicht sehr stolz war, wenn sein Hund am Ende der Leberwurstwasserfährte die Leberwurst gefunden hat, die er vorher dort deponiert hatte. Mensch und Hund haben ein gemeinsames Erfolgserlebnis. Das eigentliche Problemverhalten rückt zumindest für einen Moment in den Hintergrund. Zusätzlich wird bei Mensch und Hund das Belohnungszentrum bedient: Beim Hund durch das Finden der Beute, beim Menschen, weil seine Trainingsvorbereitung erste Früchte trägt! ☺

Eine schöne Beschäftigungsmöglichkeit für Angsthunde ist der Wasserapport. Natürlich nur, wenn sie Wasser mögen! So konnten wir Sam, den Border Collie, der bei Angst nach vorne geht und in die Hände beißt, entspannen.

Trainingstipp: Trainieren Sie zunächst etwas, was Spaß macht. Fangen Sie nicht bei einem Hund mit Angst vor Menschen mit dem Begegnungstraining an, sondern mit Spurensuche, Tricks oder langsamer Gerätearbeit. Der Hund wird gestärkt und auch Sie haben erste gemeinsame Erfolgserlebnisse.

Da Sam extreme Probleme mit einer Hüftdysplasie und einem schlecht verheilten Beckenbruch hat, ist das Wasser sein Element. Das Apportieren von Gegenständen ist so wieder für ihn möglich. An Land wäre es aufgrund der Gelenkbelastung und der Schmerzen unverantwortlich. Bei diesem Kurs ließ sich Sam von anderen anfassen und streicheln. Er suchte diese Streicheleinheiten von sich aus. Sein Frauchen und ich haben kurz mal die Luft angehalten. Es hatten zwar alle die Anweisung bekommen, Sam nicht anzufassen, aber manchmal läuft es anders – und ein deutlicheres Zeichen für sein Wohlgefühl konnte es nicht geben.

Hat der Hund zum Beispiel über den Wasserapport (es könnten auch andere Beschäftigungsarten sein, Hauptsache, sie machen ihm Freude) erste Fortschritte gemacht, kann man sogar die Entscheidungsfindung in die Übungen mit einbauen. Der hier abgebildete Retriever denkt ganz offensichtlich nach, wie er sich entscheiden soll! Aber Vorsicht: Bauen Sie solche Übungen nicht zu früh ins Training ein! Sonst wird der Hund, weil er mit der Entscheidung überfordert ist, so frustriert, dass er Rückschritte macht! Mit anderen Worten: Auch wenn die Situation auf diesem Foto eher lustig aussieht, für den Hund ist sie es nicht! Für ihn ist es eine zu lösende Aufgabe, die ihm wichtig ist und über die er angestrengt nachdenkt. Und nach solchen Anstrengungen braucht er unbedingt wieder eine Pause, um sich zu entspannen – also bitte nicht gleich die nächste Aufgabe für ihn parat halten!

Weiterer wichtiger Bestandteil der Entspannung und des Wohlgefühls ist das Kauen. Für Hunde ist das Kauen ein Erfolgserlebnis – sie haben Beute gemacht. Wichtig ist hierbei, dass sich der Kauartikel nicht in kürzester Zeit verspeisen lässt, sondern wirklich zum Kauerlebnis wird. Gekaut werden dürfen hochwertige Kauartikel wie Rinderkopfhaut und andere Trockenkauartikel oder Torgaswurzeln. Auch auf mit Futter gefüllten KONGS® kann der Hund wunderbar herumkauen.

Ebenso kann er alte Kartons zerrupfen oder auf verknoteten alten Handtüchern herumnagen. Beides beinhaltet allerdings keinen Fressgenuss, sondern dient einzig dazu, dass der Hund sich bei Langeweile oder in Erregungssituationen abreagieren kann.

Kauen wirkt entstressend, denn während des Kauvorgangs werden Endorphine ausgeschüttet, die den Hirnstoffwechsel positiv beeinflussen. Kommen Angsthunde bei uns an, werden ihnen diese Kauartikel gleich zur Verfügung gestellt. Sie haben sofort die Möglichkeit, Kartons oder Handtücher zu zerlegen. Sie werden auch nicht weggenommen. Der Hund soll immer die Möglichkeit haben, sich an einem Kauartikel abzureagieren und aufkommenden Stress abzubauen. Man kann häufig beobachten, dass Angsthunde bis zur Erschöpfung kauen und dann zufrieden einschlafen. Denken Sie an die sich gegenseitig blockierenden Emotionssysteme. Wenn der Hund kaut, hat er keine Angst. Es scheint für die Hunde auch ein Mittel zu sein, um einschlafen zu können – eventuell ähnlich, wie der Schnuller eine beruhigende Wirkung auf Kleinkinder hat.

Futter kann natürlich auch verpackt werden. Leckerlis können erschnüffelt werden. Geistige Herausforderungen jeder Art lassen die Angst in den Hintergrund treten und stärken das Selbstvertrauen. Wenn Sie eine Beschäftigungsidee auswählen, sollten Sie aber unbedingt die Art der Angst Ihres Hundes bedenken! Hat ein Hund Geräuschangst, vermeiden Sie natürlich erst einmal Spiele, bei denen etwas rascheln, knallen oder scheppern kann.

Beschäftigungsmöglichkeiten, die das Lebensgefühl verbessern, die Bindung zwischen Hund und Halter stärken und das Selbstvertrauen des Hundes steigern, sind:

- freie Bewegung ohne Leine – zum Beispiel Rennen oder Springen
- Nasenarbeit – in allen Varianten
- Geistige Beschäftigung, wie zum Beispiel in Schachteln verstecktes Futter auspacken
- Kauen

Falscher Ehrgeiz oder Korrekturen sind hier völlig fehl am Platz. Der Hund muss nicht direkt zum Apportel schwimmen und er wird auch nicht korrigiert, wenn er von der unserer Meinung nach falschen Seite auf den Baumstamm springt. Hier geht es um Spaß und nicht um Erziehung.

Die Übungen müssen so einfach wie nur möglich sein. Frust darf und soll gar nicht erst aufkommen. Der Schwierigkeitsgrad wird dem Hund angepasst und nicht unserem Ehrgeiz.

Last not least: Wir helfen unserem Hund. Verliert er zum Beispiel eine Geruchsspur, gehen wir dorthin zurück, wo er sie noch sicher verfolgt hat. Von dort versuchen wir es noch einmal. Alternativ können wir auch ein Stück mit dem Hund an der Spur entlanggehen und schauen, ob er die Fährte wieder aufnimmt. In diesem Stadium des Trainings geht es nicht um den perfekten Trail, sondern um das Zusammenwachsen als Team. So genannte „unerlaubte Hilfen", wie Sie sie eventuell aus dem Hundesport kennen, gibt es hier nicht. Alles, was Ihrem Hund hilft, zum Erfolg zu kommen und mehr Vertrauen zu Ihnen aufzubauen, ist erlaubt.

Dass man bei diesen Aktivitäten nicht straft, wenn der Hund etwas „falsch" macht, sollte sich eigentlich von selbst verstehen, übrigens nicht nur bei Angsthunden! Die Realität zeigt aber leider, dass einige Hundehalter diese Regel noch nicht verinnerlicht haben und deshalb sei es hier nochmals explizit erwähnt: Der Hund wird bei Fehlern nicht bestraft. Denn wenn der eh schon verängstigte Hund für eine Aktivität, die er zeigt, bestraft wird, fällt er in die Angstreaktion zurück. Nicht nur das, die Angstreaktion wird sich meistens sogar noch verschlimmern!

Ein Hund, der nicht über ein Hindernis gehen will und deshalb darüber gezogen oder gedrückt wird, wird das Hindernis wieder mit Angst verknüpfen – Angst vor dem Ziehen und Schieben als unangenehmes, Angst auslösendes Körpergefühl. Uns wird

er als unberechenbar einstufen. Wir landen mit unserem Fahrstuhl wieder im Keller. Der Hund kämpft ums Überleben – und wir sind der Feind!

Maßnahmen zur Steigerung des Selbstvertrauens findet man auch unter Schlagwörtern wie positive Psychologie oder Empowerment. Zahlreiche Bücher und Internetseiten über Schnüffeln, Kauspaß oder andere geistige Beschäftigung helfen bei der Ideenfindung.[5]

Hat sich der Hund stabilisiert, kann man das konkrete Angsttraining angehen. Bei der Beurteilung der Stabilität des Hundes hilft uns wieder die Bedürfnispyramide. Die physiologischen Bedürfnisse, die Sicherheitsbedürfnisse und auch ein Teil der sozialen Bedürfnisse eines Hundes müssen befriedigt sein, bevor Sie an das Training einfacher Grundsignale denken können. Rennt ein Hund noch mit weit aufgerissenen Augen durch den eigenen Garten und zuckt beim leisesten Geräusch zusammen, ist zum Beispiel an ein einfaches Abrufsignal nicht zu denken. Hat der Hund noch Angst vor der menschlichen Hand, wird es ihm schwerfallen bis unmöglich sein, aus dieser ein Leckerli entgegenzunehmen. Selbst wenn Sie es zur Seite werfen, wird der Hund unter Umständen flüchten und das aufgebaute Vertrauen ist verloren, weil ihn die ausholende Handbewegung an frühere Einfangerlebnisse oder was auch immer erinnert.

Der Hund sollte sich also in unserer Nähe, in Haus und Garten oder auch auf einem Trainingsplatz entspannt aufhalten können, bevor ein Training von Grundsignalen oder auch ein Training zur Desensibilisierung von konkreten Angstobjekten beginnen kann.

5 Die Seite www.spass-mit-hund.de hat z. B. tolle Ideen für die Hundebeschäftigung und in dem Buch „Spurensuche" von Ann Lill Kvam findet man die verschiedenen Formen der Nasenarbeit ausführlich Schritt für Schritt erklärt.

Welche Trainingsmethoden gibt es bei Angst?

Ist der Angstauslöser bekannt, wird in der Regel mit Gegenkonditionierung gearbeitet. Hier folgt man dem Grundsatz: „Alles, was gelernt wurde, kann auch wieder verlernt werden." Bei der Gegenkonditionierung in Sachen Angst findet man folgende gängige Methoden:

- Die systematische Desensibilisierung
- Habituationstraining
- Flooding

SYSTEMATISCHE DESENSIBILISIERUNG

Schauen wir uns zuerst einmal die systematische Desensibilisierung an. Dazu kehren wir zurück zum Anfang des Buches:

Angst ist

- ein uraltes Überlebensprogramm
- mit dem Ziel der Distanzvergrößerung zu bedrohlichen Reizen.

Wenn Angst der Distanzvergrößerung dient, muss eine Angsttherapie bei konkreten Angstobjekten folgende Ziele verfolgen:

- Distanzverringerung zum Angstobjekt
- Aufbau einer positiven Assoziation mit dem Angstobjekt

Das **Changing the Association Programm/ CTAP** hat diese systematische Desensibilisierung zum Ziel, also genau die beiden oben genannten Ziele sollen erreicht werden. Allerdings ist dabei wichtig, dass der Hund auf freiwilliger Basis mitarbeitet. Das bedeutet, dass er jederzeit die Möglichkeit hat, die Distanz zum Angst auslösenden Reiz wieder zu vergrößern oder sich der Situation gänzlich zu entziehen, wenn sie ihm zu viel wird. Er wird nicht überredet oder geschweige denn gezwungen, weiter zu machen. Dies ist deshalb so wichtig, damit er sich keinesfalls dem Reiz ausgeliefert fühlt! Denn dann würde die Angstreaktion nur umso heftiger auftreten und sich verfestigen. Hinzu käme, dass Sie nicht wüssten, ob er den Angst auslösenden Reiz nicht auch mit dem Ort, der Situation oder sogar Ihnen gedanklich verknüpft und das würde definitiv eine Verstärkung seiner Angst, also Verschlechterung seiner Situation hervorrufen. Deshalb ist es, wenn Sie nicht schon über viel Erfahrung im Umgang mit Hunden und Trainings verfügen, wichtig, dieses Training mit einem darin geschulten Trainer zu absolvieren, der Ihnen genau erklärt, worauf Sie achten müssen. Fragen Sie aber bitte genau nach, ob der Trainer/ die Trainerin dieses Trainingsprogramm kennt und Erfahrung damit hat. Ihr Hund soll schließlich nicht zum Herumprobieren missbraucht werden, er hat schon genug durchgemacht.

Über Aufzeichnungen im Tagebuch muss man zunächst versuchen herauszufinden, wovor genau der Hund Angst hat und ab welcher Distanz zum Reiz er noch ruhig bleiben kann – selbst wenn dies eine große Entfernung ist.

Das Tagebuch soll Antworten auf folgende Fragen geben:

- Wann tritt die Angst auf?
- Nur an bestimmten Orten oder überall?

- Nur in ganz bestimmten Situationen oder immer?
- Nur zu bestimmten Tageszeiten oder immer?
- Bei bestimmten Personen, Tieren oder Objekten?
- Wann trat das Verhalten zum ersten Mal auf?
- Ab welcher Distanz reagiert der Hund?
- Wie reagiert er?
- Wie lange braucht er, um sich wieder zu beruhigen?

Je nach Angst können abgesehen von Schmerzen, die vor dem Trainingsstart tiermedizinisch abgeklärt werden müssen, auch Wetterlagen, Geräusche oder die Tagesverfassung des Hundes eine Rolle spielen. Beginnt man damit, das Tagebuch zu führen, erkennt man häufig selbst schon bestimmte Muster und schärft den Blick für Einzelheiten.

Wie verändert man nun die gedankliche Verknüpfung mit dem Angstobjekt? Finden Sie heraus, welche Leckerchen Ihr Hund absolut am liebsten mag und nehmen Sie davon einen guten Vorrat (lieber zu viel als zu wenig) mit. Bei uns sind gekochte Hühnerherzen oder Hühnermägen oder getrocknete Heringe die Renner. Ihr Hund sollte sie jedenfalls richtig toll finden.

Dann wählen Sie eine Distanz zum Angstobjekt, bei der Ihr Hund noch keine Zeichen von Anspannung zeigt. Es ist ganz egal, ob dies 30 oder 100 Meter sind, gehen Sie auf Nummer sicher, dass er ruhig bleiben kann beim Anblick des Reizes, weil die Entfernung so groß ist, dass seine Angst nicht ausgelöst wird.

Sobald Ihr Hund den Reiz erblickt, geben Sie ihm kommentarlos eines dieser tollen Leckerchen. Sie müssen schnell sein, damit Sie ihm wirklich sekundengenau das begehrte Leckerchen geben, wenn er das Angstobjekt erblickt.

Der Hund muss nicht Sie anschauen, nicht sitzen oder sonst irgendetwas machen. Er bekommt das Leckerli für das ruhige Anschauen des Angst auslösenden Reizes. Ob er ruhig bleiben kann, hängt von der gewählten Distanz ab. Ist der Reiz weit genug weg, stellt er aus Sicht des Hundes keine Gefahr dar und somit wird die Angst auch nicht ausgelöst.

Diesen Übungsablauf wiederholen Sie mehrere Male. Ist das Angstobjekt ein anderer

Hund oder Mensch, darf sich dieser unter Einhaltung der Distanz durchaus ruhig bewegen, verschwinden und wieder auftauchen. Jedes Mal, wenn Ihr Hund hinschaut, gibt´s ein Leckerchen.

Trainiert wird in kurzen Einheiten, sonst besteht die Gefahr, dass Ihr Hund – bildlich gesprochen – vom ersten Stock blitzartig in den Keller fährt. Das ist unbedingt zu vermeiden. Ihr Hund muss gut beobachtet werden. Zeigt er Beschwichtigungssignale oder Stresssymptome, vergrößern Sie die Distanz. Tun Sie dies aber in aller Ruhe, schließlich soll Ihr Hund nicht glauben, Sie seien mit ihm auf der Flucht. Wenn Ihr Hund die Distanz von sich aus vergrößern will, indem er sich vom Reiz wegbewegt oder ganz aus der Situation raus möchte, lassen Sie ihn gewähren!

In den Pausen entfernen Sie sich mit ihm vom Angstobjekt und lassen ihn schnüffeln und ein wenig herumlaufen. Bewegung und Schnüffeln entspannen ☺.

Wenn Ihr Hund beim Anblick des Angstobjektes schon relativ gelassen bleibt und zuerst zum Angstobjekt schaut und dann zu Ihnen, so nach dem Motto: „Wo bleibt denn das Hühnerherz, ich hab` den da drüben doch angeschaut?!", dann können Sie ein Code- oder Markerwort einführen. Das Codewort sollte ebenfalls positiv verknüpft sein und dem Hund signalisieren, dass es sich wieder um eine tolle Hühnerherzsituation handelt. Ihre Stimme sollte dabei sanft und freundlich sein. „Fein" oder „Prima" eignen sich als Wort perfekt. Keinesfalls sollten Sie sich hektisch oder laut freuen, denn der Hund soll sich ja nicht aufregen. Verwenden Sie lieber eine Stimme, die so klingt, als würden Sie einem Kind ein Schlaflied singen. Oder salopp ausgedrückt: Lullen Sie Ihren Hund mit Ihren Worten ein, als würde er auf Wolke sieben schweben.

Ist das Codewort positiv verknüpft, geht es an die Generalisierung. Ihr Hund soll lernen, dass die Übung auch in geringerer Distanz, in unterschiedlichen Situationen oder mit unterschiedlichen Angstobjekten funktioniert. Üben Sie in ganz kleinen Schritten und verändern Sie immer nur eine Komponente, denn nur so wissen Sie bei einem Fehlschlag sofort, woran es lag. Verändern Sie mehrere Komponenten gleichzeitig, wissen Sie nie genau, welches Detail die Übung zum Scheitern brachte.

Im Prinzip kann man es mit vielen Theaterproben vergleichen. Sie proben so lange, bis auch der Ernstfall klappt. Selbstverständlich brauchen Sie dazu Komparsen, die mitmachen und die keinesfalls das gleiche Problem haben! Hat Ihr Hund zum Beispiel Angst vor anderen Hunden, sollte der Trainingspartner ein ganz ausgeglichener, gelassener Hund sein, der Ruhe und Souveränität ausstrahlt. Hat er Angst vor Menschen, brauchen Sie Personen, die sich ruhig und freundlich verhalten und den Hund nicht bedrängen. Ganz ähnlich ist auch das BAT (Behaviour Adjustment Training) aufgebaut.

Menschen mit Angst vor Hunden trainieren übrigens so ähnlich. In großer Distanz nähern sie sich unserem Cesar, dem „furchterregenden" Rhodesian Ridgeback-Mischling. Bei jeder Distanzverringerung reflektieren sie und schätzen ihre Angst auf einer Skala von 1–10 ein. Dann geht es wieder zurück. Pause, Durchatmen, Schokolade essen oder rauchen – und auf ein Neues. Die Angsteinschätzung müssen wir bei unseren Hunden selbst vornehmen, aber ansonsten ist das Training sehr ähnlich. Und auch hier gilt: Verlangt man vom Menschen, der Angst vor Hunden hat, eine zu schnelle Annäherung, kann man sofort beobachten, wie auch er in die Angst kippt. Die Atmung geht schneller, es kommt zum Schweißausbruch und die Tränen stehen in den Augen. Wer so etwas einmal miterlebt hat, der weiß, wie schnell der Fahrstuhl in den Keller fährt.

Zu große Schritte im Training sind deshalb unbedingt zu vermeiden, denn jeder Rückschritt gestaltet das Vertrauen in die Situation und das Training schwieriger. Wichtig ist, vorher wirklich erst einmal dafür zu sorgen, dass der Hund zur Ruhe kommen und Vertrauen zu uns Menschen aufbauen konnte, ebenso wie ein Mindestmaß an Selbstvertrauen, denn sonst braucht man dieses Training gar nicht anzufangen. Da es – insbesondere als Laie – kaum möglich ist, das Changing the Association Programm alleine durchzuführen, sollte man sich professionelle Hilfe suchen. Fragen Sie aber genau nach, ob sich der Trainer/ die Trainerin mit diesem Training auskennt, Erfahrung damit hat und schon Erfolge erzielt hat.

Der Angstauslöser kann natürlich auch ein Geräusch oder ein Geruch sein. Dann wird in einer gewissen Distanz über die Regulierung der Lautstärke oder die

Geruchsintensität gearbeitet. Hier ist Kreativität gefragt.

HABITUATION

Beim Habituationstraining arbeitet man über die Gewöhnung an den Angst auslösenden Reiz. Zur Gewöhnung kommt es dann, wenn das Auftauchen des Reizes für den Hund weder einen Vor- noch einen Nachteil bringt. Er lernt, dass der Reiz für ihn bedeutungslos ist – er ihn also auch nicht zu fürchten braucht.

Der Hund wird unmittelbar mit dem angstauslösenden Reiz konfrontiert, aber nur in ganz geringer Intensität. Unser Hund Jesse hatte zum Beispiel große Angst vor meinem Lebenspartner Martin. Näher als drei bis vier Meter durfte er nicht herankommen, dann trat Jesse die Flucht an. In die Enge getrieben fing er an, wild um sich zu beißen. Systematische Desensibilisierung über Futter ist im täglichen Zusammenleben nicht möglich. Jesse immer dann zu belohnen, wenn er Martin anschaut – in Alltagssituationen unmöglich. Mal davon abgesehen, dass er ihn sowieso nicht aus den Augen gelassen hat. Hier greift die Gewöhnung. Martin hat Jesse nicht angefasst, nach Möglichkeit nicht angeschaut und räumlich enge Situationen mit ihm vermieden. Das heißt nicht, dass Martin ihm permanent ausgewichen ist, aber zum Beispiel das Anziehen des Brustgeschirres oder Ähnliches wurde von mir übernommen. Jesse gewöhnte sich an Martin und lernte, dass er ungefährlich ist. Der Fluchtradius von Jesse wurde mit der Zeit immer kleiner. Ist er zunächst noch in den Garten geflüchtet, sobald er ihn sah, reichte nach einiger Zeit die Flucht bis zum Balkon und wieder einige Zeit später reichte es Jesse, sich bis zur Balkontür in Sicherheit zu bringen. Und gegen Ende des Trainings musste er nur noch einen kleinen Bogen gehen, um sich halbwegs wohl zu fühlen. Heute kann Jesse bei Annäherung von Martin liegen bleiben und sogar ein Streicheln ist möglich. Gedauert hat diese Gewöhnung etwa drei Jahre – was aber nicht heißen soll, dass die Habituation immer so lange dauert!

Unterstützend kann auch das soziale Lernen oder das Lernen durch Nachahmung sein. Hier lernt der Hund von anderen Hunden oder von uns, dass eine Person, ein anderer Hund oder eine Situation ungefährlich ist. So hat Jesse sicher auch durch das ruhige und entspannte

Verhalten unserer anderen sieben Hunde gelernt, dass Martin offensichtlich ungefährlich ist, denn diese flüchteten ja nicht, sobald er auftauchte, sondern ließen sich sogar gern von ihm streicheln. Das Lernen durch Nachahmung bzw. soziale Lernen funktioniert aber in beide Richtungen und darüber sollte man sich zu jedem Zeitpunkt klar sein. Nehmen wir einmal an, Martin hätte an irgendeinem Tag schlechte Laune gehabt und hätte deshalb einen unserer Hunde, der ihm vielleicht im Weg stand oder etwas Blödes angestellt hatte, angeschnauzt, so dass dieser mit eingezogenem Schwanz und gesenktem Haupt aus dem Raum geflüchtet wäre, hätte dies fatale Folgen für den Angsthund! Anders ausgedrückt: Solche Befindlichkeiten kann man sich im Zusammenleben mit Angsthunden nicht erlauben! Sie und alle Mitglieder Ihrer Familie, ja selbst Freunde, die zu Besuch kommen, müssen sich gefühlsmäßig so weit im Griff haben, dass es definitiv nicht zu lautstarker Gereiztheit oder geschweige denn Wutausbrüchen kommt.

FLOODING

☹ Dringend abzuraten ist das Arbeiten über Flooding, das methodisch betrachtet eine (Extrem)Form der Gegenkonditionierung ist. Hier wird der Hund mit dem Angst auslösenden Reiz unmittelbar und in höchster Intensität so lange konfrontiert, bis sich seine Angstreaktion mindert, gar nicht mehr vorhanden ist – oder der Hund zusammenbricht. Ich spreche diese Methode überhaupt nur deshalb an, weil sie von einigen Hundeschulen aufgrund mangelnden Fachwissens leider immer noch eingesetzt wird und damit große Schäden beim Hund angerichtet werden können.

Bei einem Flooding würde man zum Beispiel einen Hund mit Angst vor Artgenossen gemeinsam mit vielen anderen Hunden in ein Gehege bringen. Dort soll er dann seine Angst erleben und fühlen, dass sie irgendwann nachlässt, weil ihm ja keiner was tut. Benutzer dieser Methode merken an, dass deshalb alle beteiligten Hunde bestens sozialisiert sein müssen. Sie glauben, die Ängste des zu therapierenden Hundes würden nicht bestätigt und somit trete eine Verhaltensänderung ein.

Diese Methode ist psychisch und physisch derartig belastend und birgt so viele Risiken, dass sie grundsätzlich abzulehnen ist. Auch in der menschlichen Verhaltenstherapie ist sie sehr umstritten und wird von den meisten Therapeuten nicht angewendet. Denn nur in den seltensten Fällen tritt der gewünschte Effekt ein, meist wird der Patient so stark in seine Angst hineingetrieben, dass er regelrecht durchdreht – und in Folge noch mehr Angst vor dem Auslöser hat; und bei Hunden je nach Lernverknüpfung auch noch vor dem Ort, dem Trainer, seinem Halter, dieser oder ähnlicher Situation usw.

Ein Flooding-Opfer landete auch in meiner Hundeschule. Eine Staffordshire-Hündin, die zehn Jahre ihres Lebens im Tierheim verbracht hatte, wurde bei einer Hundetrainerin vorgestellt, weil sie andere Hunde anbellte. Sie wurde mit einem Maulkorb versehen und in die Raufergruppe der Hundeschule „integriert". Danach bellte diese Hündin nicht mehr, sondern griff jeden anderen Hund sofort an und biss heftig zu, wenn sie Gelegenheit dazu bekam.

KONDITIONIERTE ENTSPANNUNG

Die konditionierte Entspannung liegt momentan im Trend. Ob bei der Leinenaggression, als Beginn und Ende der Welpenspielstunde oder bei Angsthunden wird sie gerne als Mittel der Wahl verwendet. Aber was steckt dahinter? Erklären wir zunächst einmal den Aufbau der Übung in Kurzversion.

Ziel des Entspannungssignals ist, den Hund blitzschnell aus seiner Angst oder einer anderen Übererregung herauszuholen und zu beruhigen oder zumindest „einen Gang herunterzuschalten". In unserem Fahrstuhlmodell betrachtet möchten wir den Hund stoppen, wenn die Fahrt droht, in den Keller zu gehen und anschließend in den ersten Stock zurückfahren.

Hierfür ist es wichtig, irgendein Signal wie zum Beispiel das Wort „ruuuhig" oder „eeeasy" mit dem Gefühl von Wohlbehagen und Entspannung zu verknüpfen. Wann immer sich der Hund also besonders wohl fühlt, zum Beispiel beim Streicheln oder Dösen, während einer Massage usw., sagt man dieses Wort. Bis der Hund gedanklich verknüpft hat, dass dieses Wort immer dann auftaucht, wenn es ihm gut geht. Indem man nun ein Signal (das Wort) mit dem unkonditionierten Reiz (Massage) und der daraus folgenden Entspannung verknüpft, erhöht man die Wahrscheinlichkeit, dass sich dadurch mit dem Signal die Entspannung direkt abrufen lässt. Hier ein Beispiel mit unserem Minischwein Lanzelot:

Man muss eine Art der Berührung finden, die das Tier als möglichst angenehm empfindet, so dass es sich auf die Seite legt und

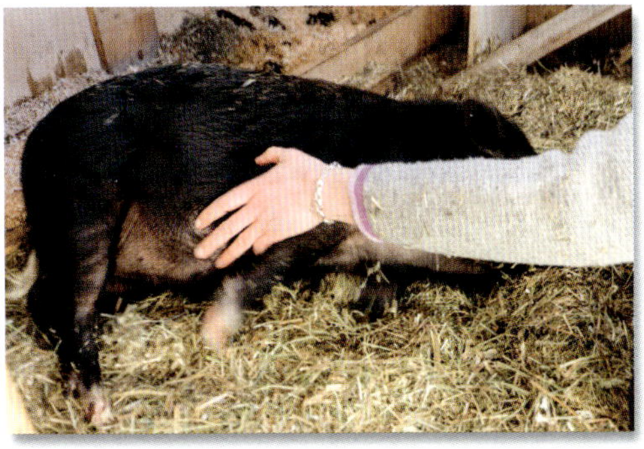

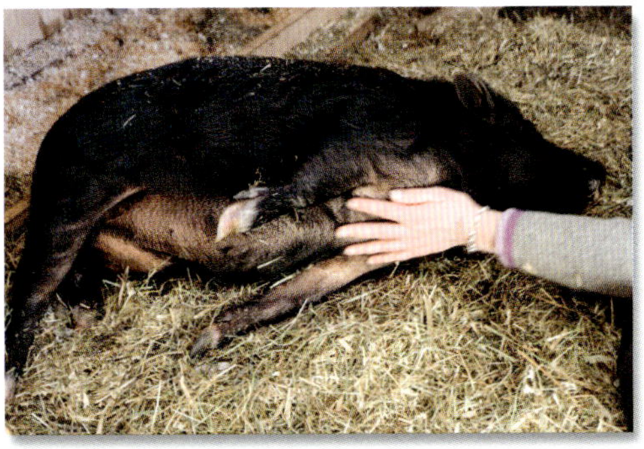

das Leben genießt. Lanzelot muss man hierzu nur an seinem Schweinebauch kraulen und innerhalb einer halben Minute ist er entspannt.

Dann geht man nach dem folgenden Muster vor: Es wird zunächst das neue Entspannungswort (also „eeeasy") gesagt, danach beginnt die angenehme Berührung und dann wird in der Folge die Entspannung ausgelöst. Nach einigen Wiederholungen löst allein das Wort einen entspannteren Zustand aus. So weit, so gut.

Das trainiert man dann in immer aufregenderen Situationen. Es wird nicht erwartet, dass Lanzelot beim Signal immer umfällt und entspannt, sondern lediglich dass sein Erregungslevel sinkt.

Wie Sie auf den Fotos sehen, kann Lanzelot super entspannen. In sehr aufgeregten Situationen funktioniert es aber definitiv nicht. Gibt es beispielsweise Fressen, läuft nichts entspannt. Auch wenn er Duffy, einen unserer Hunde, sichtet, rüstet er sich zum Angriff und nicht zur Entspannung. Mir ist klar, dass der Aufbau durchaus eine Fleißarbeit ist. Man muss das Signal regelmäßig aufladen, damit es auch in Notsituationen funktioniert. Entspannung in jeder Situation ist aber ein menschliches Wunschdenken – auch bei Angst.

Denken wir mal an uns selbst. Selbst wenn wir in Entspannungstechniken, Meditation und autogenem Training geübt sind – wenn bei dem schon zuvor erwähnten Szenario des zu haltenden Vortrags die Technik nicht funktioniert, der Kopf leer ist, das Publikum unruhig wird –, sind wir von Entspannung so weit entfernt wie noch nie. Wenn ich vor dem Publikum stehe, nichts klappt, sich mein Hals zuschnürt und mein Herz bis zum Hals klopft, dann nützt es mir auch nichts, wenn jemand „easy" sagt!

Die Theorie von Gerald Hüther, dass die Stresshormone eingefahrene Nervenpfade auflösen, neue verfügbar machen und man plötzlich einen ganz neuen Vortrag entwickelt, scheint mir wesentlich plausibler.

Je mehr wir unseren Hund beobachten und uns einfühlen, um so eher bemerken wir die Angst und können verhindern, dass der Fahrstuhl in den Keller fährt. Beim Angsthund sehe ich zudem die angeblich entspannende Berührung als Problem, denn oft haben sie große Angst vor Berührung. Eine entspannende Berührung zu finden, ist also eine große Herausforderung, die Zeit braucht. Die menschliche Geduld fehlt hier meistens.

Ist die Angst des Hundes nicht an etwas Konkretes gebunden, bleibt uns nur der Aufbau von Selbstvertrauen und einer tragfähigen Bindung zwischen uns und ihm. Das muss absolut im Vordergrund stehen. Im Zusammenleben kristallisieren sich aber zumeist doch wichtige Angstauslöser heraus, die es zu bearbeiten gilt. Mit Hunden, die eine generalisierte Angststörung haben, erarbeitet man sich zunächst den gesamten Alltag rund ums Haus. Dann ziehen wir die Kreise langsam größer. Hier ist mit Sicherheit die meiste Kreativität, Individualität, Beobachtungsgabe und Empathie gefragt.

Training hilft, die Angstreaktion zu verhindern oder zu verkürzen. Es gibt uns nicht die Möglichkeit, eine laufende Angstreaktion über ein Signal zu unterbrechen.

RITUALISIERUNG

Ein weiterer wichtiger Punkt ist die bereits erwähnte Ritualisierung, die dem Hund die Erwartungsunsicherheit nimmt. Je berechenbarer Abläufe für ihn sind, je sicherer fühlt er sich. Je unbekannter die Abläufe sind, desto potentiell gefährlicher sind sie für einen Hund, der alles fürchtet, was er nicht kennt. Erinnern Sie sich: Ein Angsthund findet erst mal alles gefährlich (ob Personen, Situationen, Objekte usw.), bis es seine Ungefährlichkeit bewiesen hat.

Nützliche Signale bei einem Angsthund

Für alle Signale gilt: ist der Hund im Kellergeschoss und läuft auf den archaischen Systemen des Hirnstamms, nutzt kein Umkehrgeräusch, kein Abrufen und auch keine konditionierte Entspannung. Der erste, schnelle Weg aus den Schaltkreisen der Angst läuft. Der Thalamus informiert die Mandelkerne und diese lösen die Angstreaktion im Stammhirn aus.

Was Sie aber durch das Training erreichen können, ist eine ausreichende Information im Großhirn zu deponieren, so dass über den zweiten, oben beschriebenen Schaltkreis die Angstreaktion gestoppt wird. Je schneller also die Info gefunden wird: „Es tut nix!", desto schneller wird die Angstreaktion beendet.

Jesse ist ein Hund, der unter Geräuschangst leidet. Das Zerdrücken eines Joghurtbechers und das damit verbundene Knacken lösen eine Angstreaktion mit sofortiger Flucht aus. In dieser Flucht stoppt Jesse gar nichts. Zu Beginn flüchtete er in den Garten und blieb unter Umständen mehrere Stunden dort, bis er wieder in die Wohnung kam. Unser Training sah so aus: Der Joghurtbecher wurde von uns zunächst in einem Handtuch zerdrückt, das Geräusch war dadurch gedämpft und wurde von uns auch nur kurz erzeugt. Je öfter wir das gemacht haben, desto kürzer wurden der Fluchtweg und der Aufenthalt im Garten. Das Großhirn wurde mit der Information gefüttert, dass dieser Reiz ungefährlich ist. Das Üben des „schau mal her!" baute Vertrauen zu uns auf, so dass er es immer schneller schaffte, nach einer Fluchtreaktion auf unseren Rückruf wieder zurückzukommen. Über das Training bauen wir also nicht nur die Information „das tut nichts" im Großhirn auf, sondern speichern auch die Handlungsalternative: „Gehe in dieser Situation zu Deinem Menschen zurück." Knackt jetzt der Joghurtbecher, gibt es ein kurzes Zucken in Richtung Tür und dann die Rückversicherung beim Menschen, ob alles passt.

Je mehr wir unseren Hund beobachten und uns in ihn einfühlen, umso eher bemerken wir erste Anzeichen von Unsicherheit und können verhindern, dass der Fahrstuhl in

den Keller fährt. Sobald der Hund aber in einen Zustand kommt, in dem es ihm wieder schlechter geht, zum Beispiel aufgrund einer Krankheit oder durch Veränderungen der Umwelt, kann er jederzeit wieder in seine alten Verhaltensmuster zurückfallen. Welche Signale im täglichen Umgang mit dem Hund wichtig sind, ist natürlich abhängig von der Umgebung und vom persönlichen Geschmack. Die hier beschriebenen Signale müssen nicht alle trainiert werden. Es hängt immer vom Hund ab, von der individuellen Situation und auch von der Art der Angstauslöser. Hier ist Einfühlungsvermögen und Kreativität gefragt.

Wie oben schon erwähnt, haben diese Signale auch keine zeitliche Priorität. Es ist nicht sinnvoll, gleich mit einem Signaltraining anzufangen, wenn der Hund einzieht. Die Befriedigung der Grundbedürfnisse und der Vertrauensaufbau stehen erst einmal im Vordergrund. Erst wenn Sie eine Vertrauensbasis zu dem Hund aufgebaut haben und er sich in seiner häuslichen Umgebung halbwegs sicher fühlt, kann der Aufbau von Grundsignalen beginnen.

Beim Umgang mit Angsthunden haben sich folgende Signale als sehr nützlich herausgestellt:

- schau mal her – Herankommen ohne Absitzen
- auf die Seite – wir warten am Wegesrand
- Stopp – irgendwie anhalten, egal ob sitzend, liegend oder stehend
- Umkehrsignal bzw. Umkehrgeräusch – der Hund soll umdrehen, also die Richtung wechseln

„SCHAU MAL HER" – HERANKOMMEN OHNE VORSITZEN

Der Hund soll auf das Hörzeichen „schau mal her" und das Sichtzeichen der seitlich herausgehaltenen Hand zu Ihnen kommen. Die Hand wird deshalb seitlich herausgehalten, weil er Sie dann besser sieht und weil er dann in einem Bogen auf Sie zulaufen kann, was für ihn erheblich einfacher ist, als wenn er gerade auf Sie zulaufen müsste. Zusätzlich können Sie ihm die Übung erleichtern, indem Sie sich leicht seitlich abdrehen, um nicht frontal zu ihm zu stehen.

Sobald Ihr Hund sich in Ihre Richtung bewegt, loben Sie ihn ruhig und freundlich und sobald er ankommt, geben Sie ihm ein wirklich gutes Leckerchen. Beim Loben sollte Ihre Stimme nicht zu überschwänglich und hektisch klingen, das lässt den Angsthund eher wieder abdrehen, als dass es ihn heranlockt. Ihr Bauchgefühl entscheidet darüber, ob Sie ihn zur Belohnung auch noch streicheln, oder ob das eher noch zu viel für Ihren Hund ist und Sie es deshalb lieber lassen.

Wie bei jedem Übungsaufbau gilt auch hier: Üben Sie zuerst in möglichst reizarmer Umgebung und steigern Sie dann vorsichtig die Ablenkungsreize. Ist das Signal gut aufgebaut, gibt es uns die Möglichkeit, den Hund in brenzligen Situationen abzurufen, bevor er in eine Angstreaktion kippt. Befindet er sich bereits auf der Flucht oder im Erstarren, wird ihn dieses Signal nicht mehr erreichen.

„AUF DIE SEITE"

Der Hund soll auf das Hörzeichen „auf die Seite" und das Handzeichen, das an den Wegesrand zeigt, an den Seitenrand eines Weges gehen und dort mit uns stehen bleiben, bis wir ihm signalisieren, dass es jetzt wieder weitergeht.

Meine Hunde machen dieses Signal sehr gerne – mittlerweile schon von sich aus. Sie haben die Erfahrung gemacht, dass sie am Wegesrand sicher vor Radfahrern, Joggern, Nordic Walkern etc. sind. Die meisten Menschen lassen die Hunde nämlich in Ruhe, wenn sie ruhig am Wegesrand warten.

Dieses Signal gibt dem Hund auch das Gefühl, dass wir auf ihn achten und nicht blind für Gefahren durch die Landschaft laufen. Im Gegenteil: Wir bieten eine adäquate Handlungsalternative.

STOPP – IRGENDWIE ANHALTEN

Der Hund soll lernen, auf das Hörzeichen „stopp" mit dem Sichtzeichen der ausgestreckten Hand dort zu verharren, wo er sich gerade befindet. Dort wartet er auf uns, bis wir bei ihm sind.

Sie brauchen zwei Personen, die dem Hund sehr vertraut sind, um das Signal aufzubauen und es erfordert viel Fingerspitzengefühl. Die eine Person läuft mit dem Hund

ein kleines Stück (wenige Meter) voraus und führt ihn an einer relativ kurzen Leine von ca. drei Metern Länge. Die andere Person ruft von hinten „stopp" und hält die Hand nach oben. Die Person beim Hund bleibt daraufhin stehen, wodurch der angeleinte Hund auch stehen bleiben muss. Sobald er steht, sich setzt oder hinlegt (das bleibt ihm überlassen), setzt die Person, die das Signal gegeben hat, mit dem Lob ein und geht zum Hund, der sofort ein Leckerchen bekommt, sobald sie ihn erreicht hat. Nach mehreren Wiederholungen verändert man die Distanz und die Ablenkung, allerdings immer nur eines von beiden.

Wenn dieses Signal gut aufgebaut ist, ist es eine Alternative, um den Hund in gefährlichen Situationen zu bremsen und zu verhindern, dass er in eine Angst- und Fluchtreaktion kippt. Sind unsere Aufmerksamkeit und unser Timing hier gut, können wir zum Beispiel verhindern, dass die noch tolerierbare Distanz zu einem Angstauslöser unterschritten wird. Den Hunden fällt das Stehenbleiben oft leichter als das Umkehren zu uns. Aus diesem Grund ist „Stopp" eine gute Signalalternative zum Abrufen.

AUFBAU EINES UMKEHRSIGNALS

Bewährt hat sich auch der Aufbau eines Umkehrsignals mit einem Geräusch als Hörzeichen. Hier gibt es verschiedene Varianten beim Aufbau. Ziel dieses Signals ist das Umkehren des Hundes in für ihn beängstigenden Situationen. Damit dieses Signal auch unter großer Ablenkung funktioniert, benötigen wir einen schrittweisen und sorgfältigen Aufbau.

Ein typisches Geräusch in unserem Fall könnte ein Zungenschnalzen, ein Klickgeräusch oder auch eine kurze Silbe wie „Psst", „Yep" oder Ähnliches sein. Warum ein Geräusch? Unsere Wortsignale werden vom Hund in der Großhirnrinde verarbeitet. Man weiß aber, dass bei Angst genau dieser Cortex blockiert ist. Die Verarbeitung von Wortsignalen ist deshalb nicht möglich. Vom limbischen System weiß man, dass es Geräusche verarbeitet, weil ein Geräusch immer eine potentielle Gefahr ankündigen könnte. Wir haben also eine gute Chance, dass unser Hund dieses Geräusch wahrnimmt und sich in unsere Richtung wendet.

Ob man nun das Zungenschnalzen, ein Markerwort wie „Yep" oder den Clicker verwendet, ist im Grunde egal. Beim Clicker müssen Sie als einzigen Nachteil bedenken, dass Sie ihn ständig griffbereit haben müssen und dass viele Angsthunde auch geräuschempfindlich sind und deshalb voller Angst auf das „Click" reagieren!

Wie lange dieses Training dauert, hängt vom Hund ab. Während meiner Ausbildung habe ich diesen Satz gehasst, denn die in ihm enthaltene Information ist ja alles andere als konkret. Die nächste Trainingsstufe beginnt immer erst, wenn der Hund den vorherigen Level entspannt meistert. Vielen Hunden hilft es zusätzlich, wenn sie nicht nur herankommen, sondern zusätzlich noch die Hand berühren oder die Pfote geben. Arbeitet der Cortex, kann man keine Angst haben.

Natürlich hat die Anwendung dieses Signals Grenzen; verfällt der Hund in starke Angst und agiert auf der Ebene des Hirnstamms, werden wir auch mit dem Umkehrgeräusch nichts mehr erreichen. Da hilft nur, Hund schnappen und die Distanz vergrößern.

Zu Zeiten von Nisha hatte ich noch keinen Clicker, aber das „Hopp" funktionierte nach dem gleichen Prinzip. Nachdem für Nisha Springen die Belohnung war, kehrte sie bei „Hopp" um und sprang über den Arm. In den Tiroler Bergen geht das.

Wer so etwas noch nie gemacht hat, sollte sich durch einen erfahrenen Trainer begleiten lassen. Es gibt hier viele Trainingsvarianten, so dass für jeden Hund das Passende dabei ist. Hat ein Hund schon Angst vor dem Clickgeräusch, steigt man natürlich auf ein Markerwort oder Zungenschnalzen um.

Die menschliche Komponente im Angsthundetraining

Zu Beginn des Buches haben wir uns damit befasst, wie die Angst in den Kopf des Hundes kommt. Als Schuldige identifiziert haben wir:

- unkonditionierte Angstauslöser
- konditionierte Angstauslöser
- vererbte Angstauslöser

Zu diesem Zeitpunkt habe ich verschwiegen, dass der Mensch für seinen Hund mit seinen Aktivitäten und Erwartungen ein konditionierter Angstauslöser sein kann. Schauen Sie sich folgende Beispiele an, die sich beliebig fortsetzen ließen:

- Nicht der Hund hat Angst vor anderen Hunden, sondern sein Mensch.
- Nicht der Hund hat Angst vor Männern im dunklen Mantel, sondern sein Mensch.
- Nicht der Hund hat Angst vor dem Leben, sondern sein Mensch.

Viele Menschen leiden unter Ängsten und Angststörungen – mal mehr und mal weniger bewusst. Die Lösung ist oft ein Hund. Wenn ein Mensch Angst vor Hunden hat, schafft er sich einen Hund an, um die Angst in den Griff zu kriegen. Hat er Angst, abends vor die Tür zu gehen, schafft er sich einen Hund an, damit der ihn beschützt usw. Dabei besteht aber natürlich die Gefahr, dass diese Menschen ihre eigenen Ängste auf den Hund übertragen. In unserem Beispiel würde das heißen, dass der Hund ebenfalls Angst bekommt, abends auf die Straße zu gehen (weil Herrchen oder Frauchen sich da so komisch benimmt), oder in ein übertriebenes Beschützerverhalten fällt, das dem Menschen dann wieder Probleme bereitet.

Auffällig oft begegnen einem seit einigen Jahren Menschen, die es nicht aushalten, bei einer Hundebegegnung ohne Leine dabei zu sein. Sie kommen mit der selbst erstellten Diagnose, ihr Hund habe Angst vor anderen Hunden. Führe ich deren Hund dann mit anderen Hunden auf dem Platz zusammen, läuft für den Hund häufig alles perfekt, solange der Halter nicht dabei ist. Endlich mal spielen mit coolen Kumpels! ☺

Der Halter außerhalb des Platzes benötigt oft Betreuung durch einen zweiten Trainer – er hat Angst. So haben wir bei uns mittlerweile eine Zweiteilung: Mein Lebenspartner ist mit den Hunden auf dem Platz und ich betreue die Menschen oder umgekehrt. Das ist eine verkehrte Welt und deshalb ist Selbstreflexion bei Verhaltensproblemen des Hundes eine ganz wichtige Maßnahme.

Hat der eigene Hund also Angst, muss man sich bei der Ursachensuche auch selbstkritisch die Frage stellen, ob man die Angst überträgt und in Folge konditioniert. Das geht zugegebenermaßen sehr schnell. Es braucht häufig nur ein bis zwei Hundebegegnungen, die nicht optimal laufen, dann fürchtet man sich schon vor den nächsten Begegnungen. Verstärkt wird die eigene Angst natürlich auch durch den immensen Druck, der durch die Gesellschaft auf Hundehalter ausgeübt wird. Der Hund soll brav und ruhig sein, nicht auffallen, schon gar nicht unangenehm. Deshalb soll er

- nicht bellen,
- nicht knurren,
- nicht die Lefzen ziehen,
- nicht die Zähne zeigen,
- nicht abschnappen
- usw.

Tut der Hund das doch, kommen gleich die Kommentare unserer lieben Mitmenschen, dass unser Hund gestört, unerzogen, dominant-aggressiv sei und die gesamte weitere Litanei. Uns Menschen ist das dann unangenehm und wir bemühen uns deshalb, die hündische Kommunikation auf ein Minimum zu reduzieren, denn wir möchten nicht auffallen. Dem Hund ist das egal, er verhält sich ja normal und versteht uns überhaupt nicht. Wen wundert es, wenn sich aus diesem Durcheinander dann ein Fehlverhalten beim Hund entwickelt?!

Auch unsere Erwartungen an den Hund werden schnell zum Angstauslöser. Nehmen wir folgendes Beispiel: Wir möchten, dass der Hund beim Geräteparcours über die Agility-Wippe geht. Wir nehmen ihn also an die Leine und führen ihn dorthin. Der Hund betritt die Wippe, es wackelt, er möchte wieder zurück. Da wir ihn aber an der Leine festhalten – schließlich soll er ja vorwärts auf die Wippe, seine Angst überwinden und nicht einfach abhauen –, bekommt er noch mehr Angst. Wir glauben, die überwindet er schon, wenn er es erst mal geschafft hat

und ziehen ihn deshalb an der Leine auf die Wippe. Der Hund bekommt jetzt auch Angst vor uns, er hält uns für unberechenbar und gefährlich. Schubst Sie jemand beim Bungeejumping von der Brücke, halten Sie diese Person auch für gefährlich.

Unsere überzogenen Erwartungen an den Hund führen häufig zu Überforderung und in der Folge zu Angst in verschiedenen Situationen oder auch uns gegenüber. Deshalb ist es so wichtig, dass wir sie immer wieder überdenken und korrigieren! Insgeheim erhofft sich jeder, dass der eigene Angsthund doch ganz – oder zumindest halbwegs – „normal" wird. Aber es gibt Grenzen des Trainings. Nicht jeder Angsthund wird zum Beispiel eine Begleithundeprüfung absolvieren oder den Denksportkurs der ansässigen Hundeschule besuchen können. Möglicherweise schafft man es nie, dass der ehemalige Angsthund entspannt in einem Restaurant liegt. Vielleicht kann man nie einen Stadtspaziergang oder die mehrstündige Bergtour mit dem neuen Mitbewohner bewältigen.

Um das zu begreifen, kam sicher Noah in mein Leben. Bis er kam, war ich sicher: Mit genug Zeit kann ich alles beim Hund erreichen. Er hat mich eines Besseren belehrt und das ist gut so. Er kann bis heute kein einziges Grundkommando und wird es auch nicht lernen müssen. Wir haben unsere Art des Zusammenlebens ohne Erziehung gefunden, allerdings erst, nachdem ich meine zahlreichen Trainingsversuche aufgegeben hatte. So bleibt er heute beispielsweise in meiner Nähe, während wir spazieren gehen. Es ist allerdings unmöglich ihn anzuleinen, würde ich das versuchen, wäre er auf der Flucht. Für den Alltag heißt das, Spaziergänge mit Noah finden ohne Überquerung von Straßen statt und ein Spaziergang außerhalb der häuslichen Umgebung bedarf damit immer sorgfältiger Planung.

Nicht alles ist möglich! Wer so etwas verspricht, ist unseriös. Wichtig für Sie ist, in regelmäßigen Abständen zu reflektieren, ob Ihre Erwartungen an den Hund realistisch sind oder korrigiert werden müssen. Ein erfahrener Trainer kann Ihnen dabei zur Seite stehen.

Last not least kann unsere Hilfsbereitschaft zum Problem werden. Da helfen wir nun so einem armen Hund aus dem Tierschutz. Warum machen wir das? In der Regel unter anderem auch deshalb, weil wir soziale

Anerkennung von unserem Umfeld ernten möchten. „Toll, dass Du einen Angsthund aus so einer Hundehölle adoptiert hast! Das könnte ich nicht!" Da wächst das Ego – das weiß ich aus eigener Erfahrung. Schaut einem aber kein anderer zu, schmeißt man schon mal die Nerven weg. Es wird geschimpft, man wird gereizt und lauter, als es dem Hund gut tut. Man zerrt ihn irgendwohin, obwohl er ja eigentlich hinter der Yuccapalme wohnt. Man hadert, dass der Hund ja eigentlich dankbar sein müsste und jetzt, nach 14 Tagen, könnte er sich schon mal anpassen und Fortschritte machen. Er muss doch merken, dass man es gut mit ihm meint. Für den Hund werden wir durch dieses Verhalten wieder unberechenbar und so steigen wir auf zum Angstauslöser Nummer 1 und Angst zieht Kreise und weitet sich auf viele Alltagssituationen aus...

Sie denken beim Lesen dieser Zeilen, so sind Sie nicht!? Fein. Ich war schon so und halte es für menschlich. Wichtig ist, dass man es merkt und dann schnellstens ändert.

Der Hund denkt übrigens: „Du hast mich hierher gebracht, ich habe mir nicht ausgesucht, hier zu wohnen. Du verstehst mich nicht und ich Dich noch weniger. Lass mich in Ruhe. Ich wohne hinter der Yucca!"

Fazit: Unsere eigenen Ängste und unsere Erwartungen können konditionierte Angstauslöser für Hunde sein. Wenn dem so ist, muss nicht nur der Hund therapiert werden. ☺

Zubehör und andere Hilfsmittel

Brustgeschirr für Angsthunde

Zuerst dachte ich, dieses Kapitel könne man sich sparen. Aber die letzte Haustiermesse, der letzte Stadtspaziergang und der letzte Tierarztbesuch haben mich vom Gegenteil überzeugt. Ängstliche (und nicht nur diese) Hunde wurden an Halsbändern durch die Menschenmenge gezerrt oder am Halsband baumelnd ins Sprechzimmer geschleift, immer mit den gesäuselten Worten: „Ganz ruhig – kein Stress. Du musst keine Angst haben, ich bin ja bei Dir!" Diese Bilder vor Augen besteht ganz offensichtlich die Notwendigkeit, nochmals über das Thema Brustgeschirr zu informieren.

Brustgeschirr oder Halsband? Zu diesem Thema gibt es so viele Meinungen, wird man mit so vielen widersprüchlichen Informationen zugeschüttet, dass einem nichts anderes übrig bleibt, als seinen eigenen gesunden Menschenverstand einzuschalten und klar zu denken. Sammeln wir also erst

„Bei der Verbreitung einer neuen Erkenntnis gibt es drei Phasen: In der ersten wird sie totgeschwiegen, in der zweiten bis aufs Messer bekämpft und in der dritten für selbstverständlich genommen, und jeder hat alles von Anfang an gewusst."
(Konrad Lorenz aus http://www.beardie-special.de/initiative/M1.htm)

einmal Fakten. Die meisten von uns waren schon mal Klettern, auf Skitour oder beim Canyoning. Bei all diesen Sportarten, wo es um eine Sicherung von uns geht, sind wir mit einem Hüft- und/ oder Brustgurt gesichert. Ziel ist es, im Falle eines Sturzes in der Körpermitte aufgefangen zu werden.

Interessanterweise sichern wir uns nicht, indem wir uns einen Gurt um den Hals legen. Auch beim Autofahren nicht. Wir legen den Sicherheitsgurt quer über den Brustkorb, kein Mensch käme auf die Idee, ihn sich um den Hals zu wickeln. Schon jetzt sollte sich Ihr gesunder Menschenverstand melden und sagen: „Ja, stimmt!"

Denkt man ein wenig weiter nach, gibt es nur eine Situation, in der Menschen einem anderen ein Seil um den Hals legen und dann anspannen: beim Tod durch Erhängen. Die Todesursache ist dann ein Genickbruch, ein eingedrückter Kehlkopf oder qualvolles Ersticken. Und auch, wenn Hundehalter in der Regel nicht vorhaben, ihren Hund mit dem Halsband umzubringen, fügen sie ihm doch erheblichen gesundheitlichen Schaden zu, wenn sie ihm eines anlegen und daran auch noch – meist gedankenlos – heftig herumziehen. Mit Kettenwürger, Drahtschlinge und Stachelhalsband potenziert sich das Problem noch erheblich, obgleich schon ein normales, breites Leder- oder Stoffhalsband sehr unangenehm für den Hund sein kann.

Wem das übertrieben oder nicht sachlich genug erscheint, der sollte über die folgenden Zahlen nachdenken: Die meisten Hunde haben Probleme im Halsbereich. 91 % der Hunde, die Schäden an der Halswirbelsäule aufweisen, waren dem Leinenruck und/ oder dem starken und langen Ziehen an der Leine ausgesetzt. Viele bekommen dadurch Kopfschmerzen, Schluckstörungen, Probleme am Kiefer und an der Zunge und Angstzustände. (Hallgren 2003)

„Ups!", sagt der Verstand: „Vielleicht doch besser ein Geschirr verwenden?!" Aber die Freundin von der Nachbarin hat doch gesagt, dass der Hund dann erst recht zieht.

Und die muss es ja wissen, denn die hat ja auch einen Hund, sogar insgesamt schon den dritten. Das Problem dabei ist – offensichtlich hat die Freundin der Nachbarin leider gar keine Ahnung, selbst wenn sie schon den fünften Hund hat.

Anders Hallgren hat schon sehr früh auf die gesundheitlichen Probleme im Halsbereich hingewiesen, die durch Leinenruck oder ständiges Ziehen an der Leine verursacht werden. Seitdem sind aber immer mehr wissenschaftliche Studien veröffentlicht worden, die die Problematik noch deutlicher machen.

Der ständige Druck auf die Halswirbel kann zu Verspannungsschmerzen, Schwindel, Sehstörungen, Konzentrationsproblemen, Müdigkeit, Kopfschmerzen und vielen anderen uns bekannten Symptomen führen. Wir kennen alle den Effekt, dass sich eine Verspannung in unserem Halswirbelbereich auf andere Körperbereiche ausdehnt. Zur Schmerzvermeidung bewegen wir uns anders und haben dann auch Probleme im Lendenwirbelbereich, in der Hüfte oder auch in den Armen. Dem Hund geht es nicht anders.

Im Jahr 2006 wurde die Studie “Effects of the Application of Neck Pressure by a Collar or Harness on Intraocular Pressure in Dogs” im “Journal of the American Animal Hospital” veröffentlicht. Sie bestätigt, dass das Ziehen am Halsband den Augeninnendruck signifikant erhöht und so die Entstehung eines Glaukoms begünstigt.

Leider sind die gesundheitlichen Schäden nicht so offensichtlich wie ein gebrochenes Bein. Es handelt sich um einen schleichenden Prozess. Die Hunde sagen uns nichts über ihre Nackenverspannung oder die Schluckbeschwerden. Wenn sie röchelnd im Halsband hängen, wird das oft mit folgendem Kommentar versehen: „Dann soll er halt nicht ziehen.“ Das Problem dabei ist – gerade ein Hund am Halsband zieht mehr und mehr, weil er versucht, dem unangenehmen Körpergefühl, wenn er vom Menschen an gespannter Leine geführt wird, zu entkommen. Und das ist nicht nur ungesund, sondern auch nicht gerade vertrauensbildend.

Das oft genannte Argument, der Hund als Beutereißer habe einen stark bemuskelten Hals und halte den Druck daher leicht aus, und wer Beute tot schütteln kann, der fange auch gut einen Leinenruck ab, dem sei Folgendes entgegnet: Beim Beuteschütteln arbeiten völlig andere Muskelpartien als beim Abfangen eines Leinenrucks. Das Beuteschütteln kommt für den Hund auch nicht überraschend, sondern ist Teil einer Jagdsequenz und die Muskulatur ist entsprechend angespannt (Wer jetzt an Adrenalin gedacht hat, liegt richtig ☺). Der Leinenruck hingegen kommt völlig überraschend und trifft Muskulatur und Bindegewebe ebenfalls aus heiterem Himmel. Ein gravierender Unterschied also! Aus gesundheitlicher Sicht ist ein Brustgeschirr somit ein „must have".

Allerdings muss auch gesagt werden, dass ein schlecht sitzendes Brustgeschirr mit falscher Passform oder mangelhafter Materialqualität ebenfalls zu gesundheitlichen Problemen führen kann. Einschneidende Riemen am Ellenbogen des Hundes, permanenter Druck auf den Brustbeinspitz, breite, gepolsterte Rückenpartien, die auf die Schulterblätter drücken und riesengroße Verschlussschnallen, die an der Achselhöhle drücken, sind absolut nicht empfehlenswert.

LEINENSPEKTAKEL – DER GANZ NORMALE WAHNSINN

Wer kennt sie nicht, diese unerfreulichen Hundebegegnungen? Da geht man gemütlich einen Weg entlang und ein Herr mit Hund kommt einem entgegen. Hektisch wickelt er sich die Leine um die Hand und stürzt in Richtung des nächsten Baumes – begleitet von der angespannten Frage: „Ist das ein Rüde?" Dann befestigt er seinen Hund am Stamm, der anfängt, an der Leine zu toben. Er steigt in die Leine, knurrt, bellt und gibt alles. Herrchen schreit auch und wir sehen zu, dass wir wegkommen. Was das mit dem Halsband zu tun hat? Das Halsband ist oft der Einstieg in die Leinenaggression und/ oder auch Angst vor anderen Hunden.

Hunde verknüpfen einen Schmerz immer mit dem, was sie gerade wahrnehmen, wenn er eintritt. Man läuft also mit seinem jungen Hund am Halsband durch die Felder, als er voller Freude einen anderen Hund entdeckt, zu dem er hin will. Er springt entzückt in seine Richtung und daher mit voller Kraft in die Leine. Den Schmerz, den er in diesem Moment im Halsbereich verspürt, verknüpft er mit dem, was er gerade sieht und das ist der andere Hund. Nach ein paar Wiederholungen hat der Hund genau das verstanden. Er fängt jetzt schon viel früher an zu toben und versucht so, den anderen Hund von einer Annäherung abzuhalten, um den Schmerz zu vermeiden. Hier be-

ginnt dann ein schwer zu unterbrechender Teufelskreis und die Begegnungen werden von Mal zu Mal schlimmer.

Der Mensch verstärkt die Situation oft noch durch frühzeitiges Kurznehmen des Hundes und gibt dabei Spannung auf die Leine. Er signalisiert dem Hund damit: „Jetzt wird es gefährlich!" Das Schicksal nimmt seinen Lauf – und am Anfang stand das Halsband.

DER HALS – EIN BESONDERER KÖRPERTEIL

Der Hals ist bei Mensch und Hund eine empfindliche Körperpartie. Berührungen am Hals sind etwas Intimes und werden nicht jedem gestattet. Und nun denken wir an die zu enge Krawatte oder den Rollkragenpulli – vielen Menschen ist das zu eng. Zitate wie: „Bleib mir vom Hals" oder „Ich habe gerade echt viel am Hals" unterstreichen die Sensibilität dieser Körperregion.

Beim Hund und auch bei vielen anderen Säugetieren ist der Hals ein wichtiger Bereich der Kommunikation, weshalb er in der Fachliteratur auch als „Empfangsstation der sozialen Kommunikation" bezeichnet wird. Die seitlichen Halspartien dürfen nur von guten Freunden berührt bzw. beknabbert werden, denen der Hund voll vertraut. Der Nackenbereich und die Kehle dienen der Einordnung: Während das Bestupsen und Belecken der Unterseite auch als „soziales Grüßen" bezeichnet wird, gilt ein von oben kommender Übergriff auf den Nackenbereich als Provokation oder sogar ernst gemeinter Angriff. Deshalb finden wir bei Beißereien auch häufig Bissverletzungen in diesem Bereich.

Durch ein Ziehen, geschweige denn Rucken am Halsband bekommt der Hund ständig irreführende Nachrichten. Das ist auch der Grund dafür, weshalb Welpen oder erwachsene Hunde, die das Tragen des Halsbandes noch nicht gewöhnt sind, verstört bis panisch reagieren, wenn ihnen eines umgelegt wird. Ist kein Druck auf dem Halsband, gewöhnt sich der Hund mit der Zeit an das Tragen, aber er stumpft auch ab in der sonst so hohen Empfindsamkeit dieser Kommunikationszentrale.

Anders sieht es aus, wenn an dem Halsband wirklich gezogen, geruckt, gezerrt wird. Hieran wird er sich nie gewöhnen, sondern mit Angst und/ oder Abwehr reagieren. Überlegen Sie einfach kurz, wie es Ihnen gehen würde, wenn ständig jemand an Ihnen herumziehen würde – und zwar im Halsbereich!

Ein weiteres Problem ist die menschliche Hand, die von oben kommend in den Nackenbereich greift, wenn der Hund mal schnell festgehalten werden soll. Diese Berührung ist für den Hund in seiner Sprache ein Angriff und kann in entsprechend aufgeheizten Situationen zum Gegenangriff führen. Der Gegenangriff trifft den, der von oben zupackt – und das sind Sie!

VERÄNDERTE KÖRPERSPRACHE

Das Zurückziehen des Hundes hat noch einen weiteren gravierenden Nachteil. Unsere Hunde verfügen über eine sehr ausgefeilte und detaillierte Körpersprache. Um Konflikte zu vermeiden, wird verlangsamt, die Annäherung erfolgt in einem leichten Bogen, der Kopf wird zur Seite gedreht oder nach unten gehalten, er macht sich kleiner und vieles mehr. Das Zeigen dieser Signale ist an kurzer, nach oben gezogener Leine überhaupt nicht möglich. Man stelle sich vor, Herrchen oder Frauchen brüllt "bei Fuss" und geht geradewegs auf den anderen Hund zu. Das Chaos ist vorprogrammiert und täglich auf den Straßen zu sehen.

Wird der Hund dabei auch noch zurückgezogen, wirkt er optisch größer, weil der Kopf dabei nach oben gezogen wird. Der Brustkorb erscheint breiter, ein Ausweichen ist nicht möglich. Ob er will oder nicht – ein so traktierter Hund zeigt körpersprachliche Signale, die dem anderen Hund gegenüber Dominanz ausdrücken und dadurch provozieren. Das ist für den Gegner ein Indiz für einen bevorstehenden Angriff – künstlich vom Menschen herbeigeführt!

LEINENFÜHRIGKEIT NUR MIT HALSBAND?

Immer wieder wird behauptet, eine gute Leinenführigkeit sei nur über ein Halsband zu erreichen und das ist natürlich Unsinn. Da es kein Gen für Leinenführigkeit gibt, muss der Hund diese lernen. Hierfür braucht es Zeit, Geduld und vor allem viele Aspekte, auf die der Hundehalter bei seinem Umgang mit der Leine achten muss. Wer mehr darüber wissen möchte, dem sei das Buch „Leinenaggression" von Clarissa v. Reinhardt empfohlen. Sie beschreibt ausführlich, warum ein Führen am Halsband oft zu immer mehr Problemen führt und warum es so wichtig ist, dass der Mensch erst einmal das selbst beherrschen muss, was er vom Hund erwartet: Einen bedachten und vorsichtigen Umgang mit der Leine. Denn wie soll der Hund verstehen, dass er an der Leine nicht ziehen soll, wenn wir das machen?

DRUCK ERZEUGT GEGENDRUCK

Diese einfache physikalische Regel ist nicht zu unterschätzen. Je mehr Druck man auf der Leine hat, je mehr wird der Hund versuchen, sich diesem Druck durch Flucht nach vorne zu entziehen – insbesondere dann, wenn der deutlich größere Mensch ihm dabei dicht auf den Fersen hängt. Sie kennen dieses Gefühl sicher, wenn jemand ständig dicht hinter Ihnen läuft. Das ist unangenehm, insbesondere wenn derjenige – im übertragenen Sinne des Größenverhältnisses Mensch/Hund – so groß ist wie ein Baum. Und dieses unangenehme Gefühl potenzieren Sie jetzt noch mit dem Gefühl eines Angsthundes, der eh ständig auf der Flucht vor zu viel Nähe ist. Alles wird noch schlimmer.

Wie schon mehrfach erwähnt, muss das Geschirr aber einige Kriterien erfüllen, um wirklich eine Verbesserung zum Halsband darzustellen. Hier ein paar Punkte, die Sie beachten sollten:

- Das Brustgeschirr sollte aus einem weichen, anschmiegsamen Material bestehen.
- Es darf keine scharfen Kanten an den Nahtstellen, Ösen oder Kanten haben,
- sollte aber über anatomisch geformte Schnallen verfügen, die sich der Körperform anpassen.
- Es sollte auf beiden Seiten zu öffnen sein, damit der Hund nicht in das Geschirr einsteigen oder man ihm die Vorderläufe durchziehen muss.
- Bauch- und Rückensteg sollten fest vernäht sein, sonst rutscht das Geschirr immer am Hund herum, scheuert und hat nicht genug Stabilität.
- Hals- und Brustgurt sowie der Bauchsteg sollten in der Länge verstellbar sein.
- Zwischen dem Brustgurt und dem Ellenbogen des Hundes sollte bei großen Hunden eine Hand breit Platz sein; bei kleinen Hunden entsprechend weniger. Keinesfalls darf es in den Achselhöhlen scheuern.
- Die Bänder, aus denen das Geschirr gefertigt ist, dürfen nicht zu schmal sein, sonst schnüren sie ein.
- Das Geschirr sollte nicht auf den Brust-

beinspitz drücken und so Schmerzen verursachen.

- Es sollte so eingestellt sein, dass man überall bequem mit der ausgestreckten Hand unter das Geschirr gleiten kann. Ein zu eng anliegendes Geschirr führt zu Verspannungen der gesamten Muskulatur und schmerzhaften Druckstellen.
- Das Geschirr wird über Nacht ausgezogen, damit der Hund nicht stundenlang auf den Schnallen liegen muss, wenn er sich seitlich ablegt.

Und noch ein Hinweis zum Schluss: Manche Hunde haben überhaupt kein Problem damit, ein Geschirr angezogen zu bekommen. Andere bekommen Angst, wenn man mit dem „komischen Ding" auf sie zukommt. Vermeiden Sie unbedingt, ihn dabei direkt anzusehen und ihm zu erzählen, dass er jetzt gar keine Angst haben muss, während Sie auf ihn zugehen. Bedenken Sie seine Perspektive! Was würden Sie denken, wenn jemand ganz langsam, Sie stetig anschauend mit einem fremdartigen Stoffteil auf Sie zuginge und dabei verdächtig ruhig auf Sie einredet. Ich würde Angst bekommen und wenn möglich die Flucht ergreifen. Und genau so machen es viele (Angst)Hunde.

Wenn Sie also bemerken oder sich schon vorher denken können, dass Ihr Hund mit Angst auf das Geschirr reagiert, legen Sie es zunächst mal auf den Boden und drapieren Sie es mit tollen Leckerchen. So kann der Hund es in Ruhe untersuchen und wird positiv eingestimmt. Später locken Sie ihn mit einem Leckerchen durch den Halsgurt, und wenn Sie diesen Schritt mehrfach wiederholt haben, bis Ihr Hund ihn bedenkenlos ausführt, legen Sie den Rückensteg auf und versuchen Sie nach mehreren, erfolgreichen Durchgängen als nächsten Schritt, die seitlichen Schnallen zu schließen. Gehen Sie ruhig und behutsam vor, aber vermitteln Sie Ihrem Hund nicht durch übervorsichtiges Verhalten, dass Sie hier gerade eine brandgefährliche Sache mit ihm üben.

Die oben beschriebenen Geschirre können sich Hunde allerdings unter bestimmten Umständen wie einen Pullover ausziehen. Fürchtet sich ein Angsthund und geht dabei instinktiv rückwärts, dann kann er aus dem Geschirr schlüpfen. Wenn wir in solchen Situationen die Leine locker lassen und mit rückwärts gehen, funktioniert dieses Ausschlüpfen nicht; da viele Menschen aber instinktiv die Leine fest und stramm halten, wenn sie in schwierige Situationen geraten, wurden die so genannten Dreipunktgeschirre entwickelt, die sich durch einen zusätzlichen Gurt im Bauchbereich auszeichnen.

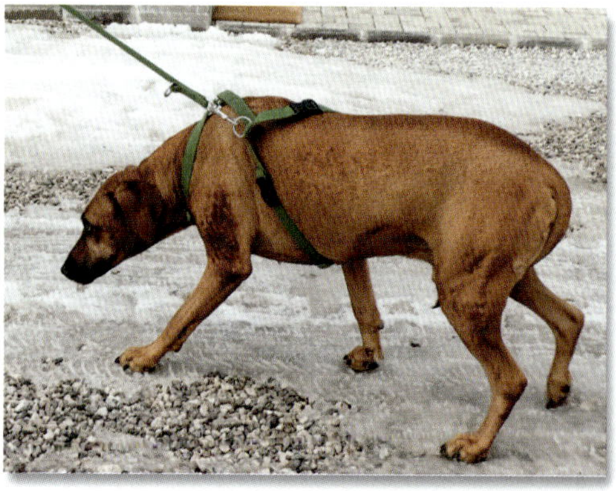

Das Ausziehen wird so schwieriger, aber wie ich lernen musste, leider nicht unmöglich. Es sei aber nochmals betont, das Ausziehen funktioniert nur mit Spannung auf der Leine. Bei diesen Geschirren ist es wie mit einem Hundemantel oder Thunder-Shirt: Einige Hunde empfinden das „Eingepacktsein" als extrem unangenehm. In diesem Fall muss zunächst eine langsame und sorgfältige Gewöhnung an das Geschirr erfolgen.

Eine Alternative sind auch die Zuggeschirre der Schlittenhunde, bei denen das Herausschlüpfen ebenfalls erschwert ist. Allerdings sind sie nur mit sehr viel Körperkontakt anzuziehen, was vielen Angsthunden nicht möglich ist und sogar Panikattacken auslösen kann. Lediglich einem Hund, der sich drinnen und mit seinen Menschen vollkommen wohl fühlt und nur draußen auf Angstauslöser stößt, könnte man es anziehen.

Die Leine für den Angsthund

Hier gibt es eine einfache Regel: Je mehr Angst der Hund hat, desto länger sollte die Leine sein. Deshalb beginnt man meist mit einer 10-Meter-Leine. Aber wie immer: Es hängt vom Hund ab.

Der Hund soll Abstand halten können – auch zu Ihnen. Er soll das Gefühl haben, weiträumig ausweichen zu können, wenn Angst auslösende Reize auftauchen. Bei einer langen Leine kann man übrigens auch viel leichter die Spannung, die zu einem Ausziehen des Brustgeschirrs führt, vermeiden, indem man Leinenlänge nachgibt.

Bei einem (Angst)Hund, der noch nie eine Leine umhatte, kann das Gefühl der räumlichen Begrenzung, wenn er das Ende der Leine erreicht, regelrechte Panikattacken auslösen. Üben Sie deshalb zunächst in reizarmer Umgebung und in einem Areal, das nicht viel größer ist als die Leine lang. Sie könnten zum Beispiel in den Garten gehen und dafür sorgen, dass Sie dort ungestört sind. Der Hund muss sich nun erst einmal daran gewöhnen, dass überhaupt etwas an ihm dranhängt. Das kennt er nicht – oder hat es beim Eingefangenwerden erlebt, also negativ verknüpft. Laufen Sie ein wenig mit ihm herum, achten Sie darauf, dass die Leine nicht auf Zug kommt und lassen Sie ihn dadurch die Erfahrung machen, dass es gar nicht schlimm ist, wenn etwas an ihm dranhängt.

Je mehr Angst der Hund hat, desto länger sollte seine Leine sein!

Ist dieser Schritt geschafft, versuchen Sie behutsam, ihn an die Begrenzung zu gewöhnen, indem Sie nicht immer in die von ihm gewünschte Richtung mitgehen. Erreicht er das Ende der Leine, halten Sie nur sehr sanft gegen und fordern Sie ihn freundlich auf, mit in die andere Richtung zu gehen. Hier müssen Sie mit viel Fingerspitzengefühl vorgehen! Wenn Sie bemerken, dass er bei der ersten Spannung auf der Leine sofort in eine starke Angstreaktion verfällt, lassen Sie sofort locker, damit er sich beruhigen kann.

Mit der Zeit wird er sich an die Leine gewöhnen, und wenn Sie mit ihm im Garten angeleint herumlaufen können, wagen Sie einen ersten Versuch auf fremdem Terrain. Idealerweise eingezäunt, zum Beispiel auf einem Hunde- oder Sportplatz, wenn dieser leer ist. Ist dieser Schritt mehrfach geschafft, machen Sie einen Versuch in einer ruhigen, reizarmen Umgebung. Fahren Sie zum Beispiel raus in die Felder, wo Sie (und Ihr Hund!) weiträumig überschauen können, ob, und falls ja, was auf Sie zukommt. Weichen Sie zunächst großzügig aus, damit Ihr Hund das Gefühl hat, dass er auch an der Leine nicht zu einer Annäherung gezwungen wird. Bevor Sie das erste Mal in ein nicht-eingezäuntes Areal gehen, sollten Sie Ihrem Hund entweder ein Sicherungshalsband oder ein GPS umlegen, an das er natürlich ebenfalls zuvor gewöhnt werden musste. Hinweise hierzu finden Sie weiter unten in diesem Kapitel.

Welches Material die Leine hat, ist eine persönliche Geschmacksfrage. Es sollte aber nicht rutschig, einschneidend oder spröde sein. Kommt der Hund mal auf Fluchtgedanken, sollte einem die Leine nicht aus der Hand rutschen oder einem aufgrund des Materials die Hand aufschürfen. Ebenso soll sie keine Einschnürungen oder andere Verletzungen beim Hund hervorrufen, wenn er sich in ihr verheddert, weshalb dünne und/ oder rundgenähte Leinen nicht in Frage kommen. Breit gewebte Nylonleinen (20 mm) oder breite Lederleinen (12 – 15 mm) haben sich als ideal erwiesen.

Keine Geschmacksfrage ist das Benutzen einer Auszieh- oder Rollleine bei einem Angsthund. Benutzen Sie eine solche Leine und sie fällt oder rutscht Ihnen aus der Hand, wird sich Ihr Hund furchtbar erschrecken und deshalb die Flucht ergreifen. Während er rennt, verfolgt ihn der auf dem Boden hin- und herpolternde Kasten, der dabei einen Höllenlärm veranstaltet. Seine Angst steigert sich ins Unermessliche und er rennt und rennt und rennt, sieht nichts mehr, hört nichts mehr und die Katastrophe ist perfekt. Alarmierend sind mittlerweile auch die Verletzungen durch Ausziehleinen. Reagiert der Hund hektisch oder nervös und verwickelt sich in der Schnur, können schlimme Verletzungen entstehen, denn die Schnur ist messerscharf – und das andere Ende der Leine sind Sie! Danach beginnen Sie mit dem Vertrauensaufbau nicht bei Null, sondern im Minusbereich.

Die Verletzungsgefahr ist natürlich auch bei Hunden ohne Angst gegeben. Wem es noch nicht reicht, dass der Hund verletzt werden könnte: Die Verletzungen der Menschen sehen nicht viel besser aus.

Was sonst noch helfen kann

EIN GPS-SENDER

GPS-Sender sind wirklich ein Segen für Angsthundehalter. Seit 2005 vermittle ich Tierschutzhunde aus Italien. Leider kommt es immer wieder vor, dass Hunde sich erschrecken und in Panik davonlaufen. Sie sind teilweise tage- oder auch wochenlang verschwunden. Nisha war vier Tage und Nächte im Ötztal in Tirol unterwegs. Jesse lief zwei Tage und zwei Nächte im Grenzgebiet zwischen Mittenwald und Scharnitz herum. Für Hund und Halter ist das die Hölle. Angsthunde verkriechen sich irgendwo, meiden Menschen und sind nur in der Nacht unterwegs. Sichtungen gibt es kaum. Sind die Hunde nicht gut mit Men-

schen sozialisiert, verwildern sie von Tag zu Tag mehr und werden immer scheuer, sind praktisch nur noch durch Zufall zu sichten. Der Sender löst dieses Problem. Er hat die Größe einer Streichholzschachtel und kann problemlos am Brustgeschirr befestigt werden. Auf einer Handy-App, die zu dem Sender gehört, kann man in Echtzeit verfolgen, wo sich der Hund befindet, ob er herumläuft oder auch zur Ruhe kommt. So kann man ihn zeitnah zu seinem Verschwinden wiederfinden.

Die Akku-Laufzeit des Senders liegt bei zwei bis drei Tagen. Zeit genug, um den Hund wieder einzufangen. Für mich ist das ein „must have" bei jedem Angsthund und bei Hunden mit hohem Jagdtrieb.

EIN SICHERUNGSHALSBAND

Obgleich ich in aller Deutlichkeit beschrieben habe, weshalb ich kein Freund von Halsbändern bin, gibt es doch eine Situation, in der ich es für sinnvoll halte, nämlich als zusätzliche Sicherung bei den ersten Ausflügen. Wichtig: Geführt wird der Hund am Geschirr, nicht am Halsband! Am Halsband ist lediglich ein zweiter Leinenkarabiner eingehängt, der im Falle des Aussteigens aus dem Geschirr dafür sorgt, dass man den Hund noch an der Leine hat.

Selbstverständlich ist das für den (Angst) Hund dann kein schönes Erlebnis. Er hat sich in einer für ihn gefährlich erscheinenden Situation aus dem Geschirr befreit und wird nun am Hals gehalten, was seine Angst verstärkt. Aber manche Situationen erlauben nur den zweitbesten Weg – und noch am Halsband gesichert zu sein, ist sicher besser, als unkontrolliert über Straßen und Wege zu rennen und dabei evtl. überfahren zu werden.

Selbstverständlich muss der Hund an das Tragen des Halsbandes ebenso in kleinen Schritten gewöhnt werden wie an das Tragen des Brustgeschirres.

KÖRPERBANDAGE, THUNDER-SHIRT ODER MANTEL

Ob anliegender Mantel, Thunder-Shirt oder Körperbandage – all diese Sachen können das Körpergefühl des Hundes verbessern. Sie spüren ihren eigenen Körper wieder, weil die Kleidung einen leichten Druck auf ihn ausübt. Angsthunde, die lange irgendwo in einem Zwinger sitzen, kaum Kontakt zur Außenwelt haben, geistig abtauchen, haben oft kein Gefühl mehr für die hintere Körperhälfte. Wir haben zum Beispiel beobachtet, dass sie nur die Vorderläufe putzen,

die sie beim Laufen auch zuerst benutzen, während der hintere Teil des Körpers regelrecht „mit"läuft. Massagen, aber eben auch Kleidung, können helfen, den Körper wieder als Ganzes zu spüren. Zuständig dafür ist ein Hormon und Neurotransmitter – das Oxytocin. Mehr dazu im Kapitel Entspannung durch Berührung.

Beobachtet man die Hunde, hat man auch den Eindruck, dass sie sich geschützt fühlen wie in einer Ritterrüstung. Jamie hat seinen Mantel geliebt und mit Mantel waren Dinge möglich, die sonst unmöglich waren. Die Gruppenstunde in der Hundeschule ging nur mit Mantel. Auch Langläufer konnten nur mit Mantel passiert werden. Bei den Langläufern sind übrigens oftmals nicht die Ski, die Stöcke oder die aus Hundesicht merkwürdigen Bewegungen das Problem, sondern das Geräusch der Skier im Schnee. Stellt man sich einmal neben eine Langlaufloipe und schließt die Augen, hört man, wie dominant dieses Geräusch ist. Wie wir das herausgefunden haben? Wir beobachteten an unseren Hunden, dass Langläufer, die standen, kein Problem für die Hunde waren. Langläufer, die standen und mit den Armen wedelten, waren auch kein Problem. Das Schieben von Skiern auf unserem Teppich war kein Problem. Das Schieben von Skiern im Schnee nur durch unsere Hand – ohne Langläufer darauf – löste die Angstreaktion aus. Diesen Hinweis habe ich übrigens in keinem Buch gefunden, als ich auf der Suche nach schnellen Lösungen war. ☺

Aber kein Vorteil, wo nicht auch ein Nachteil ist. Es gibt Hunde, die hassen Mantel oder Shirt bzw. haben sogar wirklich Angst davor. Unserem Hund Finn mache ich mit einem Mantel keine Freude und ich helfe ihm auch sicher nicht bei der Angstbewältigung. Schauen Sie sich das Foto genau an. Wer auf den ersten Blick glaubt, ein Grinsen bei Finn zu erkennen, liegt falsch. Das liegt an seinem vorgestellten Unterkiefer. Schwanz, Ohren und Augen sprechen eine deutliche Sprache – er hat richtig Angst und deshalb gilt hier auch nicht: Da muss er durch. Der Mantel muss runter – egal wie hilfreich er bei anderen Hunden sein mag. Er ist bei ihm einfach nicht das Hilfsmittel der Wahl, sondern kontraproduktiv.

NATURHEILKUNDE UND ANGST

Naturheilkunde liegt im Trend und so möchten immer mehr Halter Naturheilverfahren für ihr Tier einsetzen, um sie zu unterstützen. Homöopathie, Kräuterheilkunde, Bachblütentherapie oder auch die Traditionelle Chinesische Medizin finden natürlich auch in der Angsttherapie ihren Platz.

Aber auch bei der Naturheilkunde gilt: Es reicht nicht, Globuli zu verabreichen oder über vier Wochen einmal pro Woche zur Akupunktur zu gehen. Wie wir festgestellt haben, ist Angst ein komplexes Problem. Arbeitet man nicht an den Ursachen der Angst, dem Selbstvertrauen und an der Lebensqualität des Hundes, wirkt auch die Naturheilkunde nicht.

Naturheilkunde kann auch die aktuelle Angstreaktion nicht unterbrechen. Die Erwartungshaltung, einem Hund während einer Panikattacke mit Globulis oder Rescue-Tropfen helfen zu können, ist völlig unrealistisch und verfehlt. Entsteht Angst, wirken Neurotransmitter, Hormone und das Nervensystem auf beschriebene Weise zusammen. Dieser Vorgang ist nicht mit Naturheilmitteln zu stoppen. Unser Fahrstuhl fährt in den Keller – mit oder ohne Globuli.

Die Wirkung der Naturheilkunde bezieht sich bei Angstpatienten auf Prävention. Das seelische Gleichgewicht des Hundes und sein Selbstvertrauen sollen gestärkt und die Stimmung verbessert werden. Naturheilkunde kann in der Angsttherapie unterstützen, sie ist nicht alleiniges Heilmittel. Entscheidet man sich dafür, den Hund mit Naturheilkunde zu unterstützen, sind auf jeden Fall Fachleute hinzuzuziehen. Es muss eine gründliche Anamnese erstellt werden. Die Naturheilkunde wählt die Mittel nicht aufgrund einer Momentaufnahme aus. Eine Zusammenarbeit mit einem Hundetrainer, Tierarzt, Tierheilpraktiker und/ oder einem Physiotherapeuten ist zu empfehlen, denn es handelt sich hier um Eingriffe in ein hoch sensibles System. Bei allen Fachleuten sollten Sie nach der fachlichen Qualifikation und Erfahrung im Umgang mit oder der Therapie von Angsthunden fragen!

Die Anwendung von naturheilkundlichen Verfahren in Eigenregie ist aus meiner Sicht grob fahrlässig. Schaut man ins Internet, die sozialen Netzwerke oder verschiedene Foren, findet man für alles das ultimative Heilmittel. Standardsatz, der einem eigentlich die Haare aufstellen sollte: „Gib Deinem Hund doch mal das Mittel „XY", hat bei uns auch funktioniert. Ist natürlich und hat keine Nebenwirkungen." Solche Aussagen kann man nur als konzentrierten Blödsinn bezeichnen, dem Sie keine Beachtung schenken sollten. Wo es eine Wirkung gibt, gibt es auch eine Nebenwirkung. Solche oder ähnliche laienhaften Äußerungen führen auch eher zur Unglaubwürdigkeit der Naturheilkunde, als dass sie helfen.

Die **Homöopathie** kann auf körperlicher und seelischer Ebene wirken. Leitsatz ist: „Ähnliches möge mit Ähnlichem geheilt werden." Grundgedanke ist, dass die verwendeten Mittel in unverdünnter Form exakt die Symptome auslösen, die sie in verdünnter Form heilen helfen. Zusätzlich zu den Symptomen einer Krankheit wird aber auch eine gründliche Analyse der Persönlichkeit erstellt, die ebenfalls bei der Auswahl der Mittel berücksichtigt wird. Eine fundierte Ausbildung dauert Jahre, ein Lehrgang über mehrere Wochenenden befähigt nicht, die Homöopathie richtig anzuwenden. Fragen Sie also genau nach, welche Ausbildung der Therapeut absolviert hat. Homöopathische Mittel sind übrigens immer individuell auf die Persönlichkeit des Menschen oder Tieres abgestimmt. Ist dies nicht so, befinden Sie sich im Bereich des Hokuspokus und der Geldschneiderei.

Die **Phytotherapie**, oder auch Kräuterheilkunde, kann das Wohlbefinden ebenfalls unterstützen. Ein bekannter Stimmungsaufheller für Menschen ist zum Beispiel das Johanniskraut. Kräuter können auch bei körperlichen Symptomen helfen, die eine Angst begleiten. Hat ein Hund beispielsweise Angst beim Autofahren, so ist ihm meistens übel und schwindelig. Hier gibt es entsprechende Kräuter, die den Magen-Darm-Trakt beruhigen oder auf den Gleichgewichtssinn wirken.

Die **Akupunktur**, eine Säule der Traditionellen Chinesischen Medizin, verfehlt ihre Wirkung auch bei Tieren nicht. Sie beeinflusst spezielle Energiepunkte im Leitbahnensystem des Körpers. Auch hier

sollte man sich vergewissern, dass bei dem behandelnden Therapeuten eine fundierte Ausbildung und ausreichend viel Erfahrung vorhanden ist.

Auch **Farb- und Lichttherapie** kommen immer häufiger zum Einsatz. Sie nutzen die spezifischen Schwingungsfrequenzen der Spektralfarben. So fördert die Bestrahlung mit blauem Licht zum Beispiel die Wundheilung nach einem operativen Eingriff und Grün gilt als stärkste Beruhigungsfarbe. Vertreter dieser Therapieform glauben an die positive Beeinflussung von körperlichen Funktionen und dem Verhalten.

Die **Bachblüten®** gehören ebenfalls zu den naturheilkundlichen Verfahren. Bei der von Dr. Edward Bach entdeckten Therapieform geht es darum, die Pflanzen zu finden, die genau die Schwingung in der Aura haben, die der Aura des Patienten fehlt.

Welche der unterschiedlichen Therapien zum Einsatz kommen, sollte man mit dem Tierarzt und/ oder Tierheilpraktiker seines Vertrauens besprechen. Wichtig ist, dass Ihre innere Haltung zu diesen Verfahren stimmig ist. Wenn Sie nicht von einem Verfahren überzeugt sind, sollten Sie es auch nicht bei Ihrem Tier anwenden. Wie schon erwähnt ist weiterhin wichtig, dass Sie sich genau nach der Ausbildung und der Erfahrung des Therapeuten erkundigen. Lassen Sie sich nicht mit irgendwelchen lapidaren Aussagen abfertigen. Verlangen Sie Nachweise und Zertifikate – schließlich hat Ihr Hund schon genug durchgemacht und soll jetzt wirklich professionelle Hilfe erfahren.

ERNÄHRUNG UND ANGST

Über diesen Zusammenhang ließe sich wahrscheinlich ein eigenes Buch schreiben. Ich will an dieser Stelle auch sicher keine fanatische Diskussion über die verschiedenen Fütterungsstile entfachen. Eine Fütterung muss für das jeweilige Mensch-Hund-Team passen. Die Entscheidung ist wieder mal eine sehr individuelle.

Allerdings möchte ich mit zwei Mäuseexperimenten zum Nachdenken anregen. Diese Experimentbeschreibungen stammen aus dem Buch „Darm mit Charme“ von Giulia Enders. Dies war in den letzten Monaten sicher eines meiner Buchhighlights – gerade auch zum Thema Gehirn, Zivilisationskrankheiten und Verhalten.

So kann man mit Tierexperimenten beispielsweise nachweisen, dass Signale aus dem Darm das limbische System und bestimmte Cortexstrukturen beeinflussen. Angstempfinden, Gedächtnis und auch Motivation können offensichtlich auch über den Darm beeinflusst werden.

„Die schwimmende Maus" ist eines der aufschlussreichsten Experimente der Motivations- und Depressionsforschung. Hier die Kurzversion: Eine Maus wird in ein kleines Becken gesetzt und muss schwimmen. Sie kann nicht aus dem Becken raus. Die Forscher wollten wissen, wie lange sie schwimmt. Mäuse mit depressiven Eigenschaften schwimmen nicht sehr lange. Sie verharren oft regungslos und lassen sich treiben. Ein irisches Forscherteam fütterte jetzt die Hälfte ihrer Mäuse mit einem Bakterium, das den Darm pflegt: Lactobazillus rhamnosus Jb-1. Die Mäuse mit dem gepflegten Darm schwammen deutlich länger als die Mäuse der Kontrollgruppe. Ihr Blut enthielt weniger Stresshormone. Durchtrennt man den Nervus Vagus, die wichtigste Verbindung zwischen Darm und Hirn, gab es keinen Unterschied mehr im Schwimmverhalten zwischen den Mäusegruppen.

Ein zweites Experiment, durchgeführt von Stephen Collins, arbeitete mit zwei Mäusestämmen, deren Verhalten genau untersucht ist. Ein Mäusestamm war eher ängstlich und schüchtern, der BALB/c-Stamm. Die Mäuse vom NIH-Swiss-Stamm waren mutig und neugierig. Nun löschten die Forscher mit Antibiotika jegliche Bakterienlandschaft im Darm der Mäuse. Dann flößten sie den Mäusen vorher entnommene Darmbakterien des jeweils anderen Stammes ein. Im Verhaltenstest waren jetzt die Rollen vertauscht. Der BALB/c-Stamm war nun mutig, der andere Stamm war ängstlich. Der Darm kann also das Verhalten von Mäusen beeinflussen.

Für Menschen gibt es derartige Versuche noch nicht. Ich bin aber sicher, dass sich da in den nächsten Jahren Bahnbrechendes ergeben wird. Was wir aber jetzt schon festhalten können, ist: Unser Hirn- und Darmstoffwechsel wird über eine frisch zubereitete Ernährung sicher besser mit Vitaminen, Mineralien, Fett- und Aminosäuren und anderen Vitalstoffen versorgt als bei einer Ernährung aus der Konserve oder Tüte. Für Zusatz- und Konservierungsstoffe ist zu vermuten, dass

sie unseren gesamten Stoffwechsel nicht positiv beeinflussen. Unsere Zivilisationserkrankungen geben in dieser Hinsicht deutliche Hinweise.

Ich traue mich zu sagen, dass dies sicher auch für den Hund gilt. Nachdem ein ausgeglichener Hormon- und Neurotransmitterhaushalt, wie wir oben gesehen haben, abhängig ist von Schlaf, Ernährung und anderen Umweltfaktoren, ist bei einem Angsthund sicher einer frisch zubereiteten Mahlzeit der Vorzug zu geben.

Da wir aber so wenig über dieses ganze System wissen, finde ich es zum heutigen Zeitpunkt fahrlässig, einfach mal Tryptophan oder Ähnliches zu füttern, um zum Beispiel den Serotoninspiegel zu erhöhen. So bekämpfen wir die Angst des Hundes nicht. Es ist vielmehr zu befürchten, dass wir das Hormon- und Neurotransmittersystem weiter durcheinanderbringen.

In Sachen Angst gibt es natürlich auch Nahrungsergänzungsmittel. Am bekanntesten sind wohl die Präparate Zylkene und L-Theanin. Hier ein Auszug aus der Beschreibung von Zylkene: *„Alpha-Casozepin potenziert die Aktivität der Gamma-Aminobuttersäure (GABA). GABA ist ein Neurotransmitter, der weithin bekannt ist für seine hemmenden Wirkungen auf angst- und stressassoziierte Störungen."* (https://www.royal-canin.at/gesundheit/angst-bei-tieren/die-therapiemoeglichkeiten/) Der aufmerksame Leser erkennt, hier wird wieder im Neurotransmittersystem herumgepfuscht. Hier ist das Gleiche zu sagen wie bei den Medikamenten – nur unter Aufsicht von Trainer und Tierarzt.

Und hier noch ein Auszug von L-Theanin: *„L-Theanin ist ein Abkömmling der Glutaminsäure und konnte bisher nur in der Teepflanze nachgewiesen werden. Gebildet wird L-Theanin aus Glutaminsäure und Äthylamin in den jungen Wurzeln der Teepflanze, ist aber dann in allen Pflanzenteilen vorhanden. L-Theanin wirkt über das Zentralnervensystem und wird in Japan, besonders bei stressbedingten Symptomen, seit Jahren mit großem Erfolg eingesetzt. Sehr beliebt sind dort speziell zur Examenszeit Getränke, Eis und Kaugummis, denen L-Theanin zugesetzt wurde. Es erhöht die Werte an Gamma-Aminobuttersäure, welche aus Glutamat gebildet wird und zugleich auch, als hemmender Neurotransmitter, dessen Gegenspieler ist. GABA beeinflusst auch die Botenstoffe Dopamin und Serotonin."*
(https://www.paracelmed.com/de/wirkstoff-lexikon/detail.asp?id=437&tit=L-Theanin)

Um es nochmals zusammenzufassen: Wir wissen noch viel zu wenig über diese komplexen Systeme und Vorgänge, als dass wir allzu leichtfertig daran herumexperimentieren sollten.

ENTSPANNUNG ÜBER MUSIK ODER DUFT

Im Erste-Hilfe-Paket haben wir schon angesprochen, dass der Hund Rückzugsmöglichkeiten braucht, wo er sich sicher fühlt und auch zur Ruhe kommen kann. Man kann aber auch noch über andere Hilfsmittel das Wohlbefinden des Hundes steigern.

So hat zum Beispiel Musik eine entspannende Wirkung auf unsere Hunde. Was kann denn Musik bei uns?

- Musik kann entspannen und uns in einen emotionalen Zustand der Geborgenheit versetzen.
- Entsprechende Musik fährt unser Herz-Kreislauf-System herunter, der Herzschlag wird verlangsamt und der Blutdruck sinkt.
- Musik kann auch als Filter für die diversen Umweltgeräusche dienen.

Das, was für den Menschen gilt, ist auf unsere Hunde übertragbar. Joshua Leeds und Susan Wagner haben dies in ihren Forschungsprojekten eindrucksvoll bewiesen. Sie haben eine CD entwickelt, mit der in klinischen Tests 70 % der Tierheimhunde und 85 % der in einem Haushalt lebenden Hunde zu Entspannung und Ruhe fanden. Diese CD kommt auch in unserer Hundepension als tägliches Einschlafritual zur Anwendung.

Es macht also absolut Sinn, dem Hund entspannende Musik anzubieten. Leeds und Wagner haben herausgefunden, dass Musik, die auf uns Menschen entspannend

wirkt, die gleiche Wirkung auch beim Hund entfaltet. Bei der Auswahl der Musik können wir uns also an uns selbst orientieren – es sei denn, Sie sind Hardrock- oder Heavy-Metal-Fan... Detaillierte Informationen findet man in dem Buch „Mit den Ohren eines Hundes" von Leeds und Wagner sowie auf der zugehörigen Website.

Wichtig ist, dass der Hund der Musik ausweichen kann. Es sollte also auch Plätze im Haus oder in der Wohnung geben, wo die Musik nicht läuft.

Ähnlich ist es mit Düften und Aromen, die entspannen. Ätherische Öle mit Kamille oder Lavendel wirken entspannend, für Rosen- und Zitronenöl konnte man in Tierversuchen eine angstlösende und stimmungsaufhellende Wirkung nachweisen. Wenn man sich klarmacht, wie wichtig der Geruchssinn für den Hund ist und dass das Jacobson-Organ sogar eine direkte Verbindung in unser Gefühlszentrum, das limbische System, hat, ist eine Beeinflussung des Wohlbefindens über Gerüche mehr als wahrscheinlich.

Deshalb sollten Sie keinesfalls ein Halstuch mit Zitronenöl tränken und dem Hund einfach umlegen. Vielmehr sollte man zum Beispiel ein kleines Stoffstück mit ein bis zwei Tropfen präparieren und dies dem Hund an seinen Platz legen. Kuschelt er sich dann dorthin, ist dies ein Indiz dafür, dass er den Geruch als angenehm empfindet. Rümpft er die Nase, dreht er sich weg oder entfernt er sogar das Tuch aus dem Körbchen, ist der Geruch nicht der richtige. Der Handel bietet Fertigölmischungen für das Entspannungstraining mit Hunden an. Bitte testen Sie auch bei diesen sorgfältig aus, ob Ihr Hund sie mag. Was gut riecht oder nicht, wird von Mensch zu Mensch und Hund zu Hund sehr unterschiedlich bewertet.

Neben den ätherischen Ölen gibt es in Sachen Duft noch die so genannten Pheromone. Ein Pheromon ist ein Duftstoff. Hündinnen, die Welpen säugen, produzieren natürlicherweise ein Beruhigungspheromon. Dieses Pheromon gibt Welpen ein Sicherheits- und Geborgenheitsgefühl, das ihnen hilft, die Welt zu entdecken und unbekannte Areale zu erkunden. Forschungsergebnisse zeigen, dass ein synthetisches Analogon dieses Beruhigungspheromons (Dog Appeasing Pheromon = D.A.P.®) Hunden jeden Alters ein Sicherheitsgefühl und Wohlbefinden bereiten kann. Dieses Pheromon gibt es als Spray, Zerstäuber und Halsband. Die Wirksamkeit ist bei den Hunden unterschiedlich. Auch hier gilt, dass der Hund die Möglichkeit haben muss, dem Geruch auszuweichen. Deshalb ist der Einsatz des Halsbandes sicher nicht sinnvoll und Spray und Stecker sollten Sie an Orten verwenden, die Ihr Hund auch verlassen kann.

ENTSPANNUNG ÜBER BERÜHRUNG

Wir alle wissen aus eigener Erfahrung, dass liebevolle Berührungen, Streicheln oder Massagen entspannen und gut tun. Das gilt auch für unsere Tiere. Die meisten entspannen sich beim Kuscheln und Kontaktliegen auf dem Sofa oder im Bett. Bei der Anwendung am Tier ist der Tellington Touch die wohl bekannteste Körpertherapie.

Unabhängig davon, welche Art der Massage oder Berührung Sie wählen, Ihr Hund muss sie mögen. Hier beginnt bei Angsthunden sehr häufig das Problem. Sie möchten weder angefasst noch berührt werden. Das Vertrauen zu uns Menschen ist oft nicht groß genug. Einige Hunde kennen Streicheln durch Menschen auch einfach nicht. An Entspannung über Streicheln ist oft über Monate, teilweise über Jahre nicht zu denken.

Auch hier ist es wieder wichtig an Schmerzen beim Hund zu denken. Ein Hund mit Spondylosen an der Wirbelsäule oder einer anderen schmerzhaften Erkrankung im Rückenbereich möchte nicht über den Rücken gestreichelt werden. Eine andere Hauptschmerzquelle sind die Zähne. Hunde, die sich nicht gerne am Kopf anfassen lassen, haben sehr oft Zahnschmerzen. Von den fünf Angsthunden

in unserem Haushalt hatten drei massive Zahnprobleme. Diese Hunde kommen aus dem Tierschutz und haben im Tierheim an den Gittern gekaut oder an Steinen genagt. Hier nimmt das beste Gebiss irgendwann Schaden. Als unser Noah zu uns kam, waren die Zähne schon in einem schlechten Zustand. Die behandelnden Tierärzte schauten kurz auf das Gebiss und sagten: „Das passt schon! Wenn er nicht mehr frisst, unternehmen wir etwas." Noah ließ sich nicht von uns anfassen. Leider erst drei Jahre später fanden wir einen Tierarzt, der uns ernst nahm. Noah wurde geröntgt. Er hatte gebrochene Zahnwurzeln und der Großteil der Zähne war entzündet. Man stelle sich die Schmerzen dieses Hundes vor. Die Hälfte der Zähne ist jetzt weg. Das Angstgedächtnis oder auch Schmerzgedächtnis ist langsam gelöscht. Wir dürfen ihn heute anfassen und auf die Schnauze küssen. Ich bereue heute sehr, dass ich damals nicht hartnäckiger war. Das Tückische bei den Zähnen und auch beim Bewegungsapparat ist, dass man oft ein Röntgenbild erstellen muss, um etwas zu diagnostizieren und davor

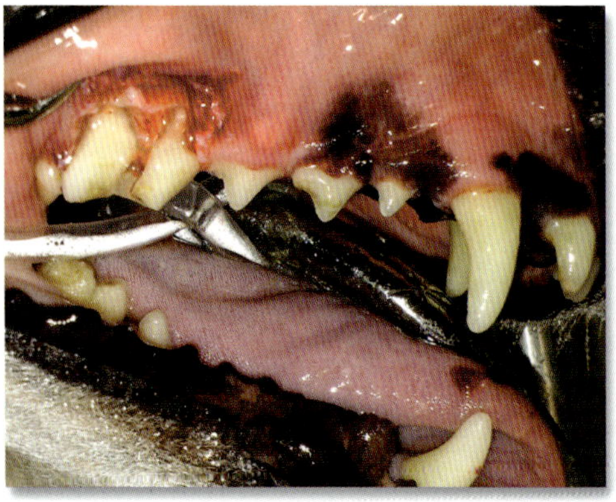

hat der Hund auch wieder Angst. Oft ist eine gründliche Untersuchung nur unter Narkose möglich.

Warum ist jetzt eigentlich Berührung entspannend? Die Hauptrolle spielt mal wieder ein Hormon oder Neurotransmitter – das viel gepriesene Oxytocin. Es heißt auch Wohlfühl-, Kuschel- oder Treuehormon und macht freundlich, monogam und angstfrei. Oxytocin wird bei angenehmen Berührungen und wohltuenden Massagen vom Körper freigesetzt.

Angeblich kann man Oxytocin auch als Nasenspray erfolgreich einsetzen und so denkt mancher Angsthundehalter, dies sei die optimale Lösung für seinen Hund, der sich nicht anfassen lassen möchte. Kein Wunder also, dass sich alle auf diese Wundersubstanz stürzen. Ein bisschen Nasenspray, die Angst ist weg und der Partner monogam.

Die Studien rund um dieses Hormon und diesen Neurotransmitter boomen und die Ergebnisse sind vielfältig.

- Die kognitive Empathie wird gesteigert.
- Die Amygdala-Aktivität wird reduziert.
- Das Stresssystem wird heruntergefahren.
- Das allgemeine Wohlbefinden steigt.
- Die Paarbindung wird gesteigert.

Aber es gibt auch weniger schöne Aspekte zu vermelden: Menschen werden neidisch, unachtsam und zu vertrauensselig. Und wird das Oxytocin wieder abgesetzt, reagierten die Probanden mit einer wahren Lust auf unterschiedliche Sexualpartner und wurden untreu. Das ist für den Angsthund unerheblich, zeigt aber wieder, dass jedes Ding zwei Seiten hat, wie man so schön sagt.

Vielen dieser Forschungsergebnisse fehlt außerdem die wissenschaftliche Basis. Die Methoden sind teilweise fragwürdig. Problematisch ist auch das geringe Grundlagenwissen um das gesamte Hormon- und Neurotransmittersystem. Die Regensburger Neurobiologin Inga Neumann bringt es sehr elegant auf den Punkt: *„Wir wissen, dass es (Oxytocin) beim Menschen wirkt, aber wir wissen nicht, wie und wo genau.“*
(www.welt.de/130360396)

Herausgefunden hat man auch, dass die Verabreichung von künstlichem Oxytocin die Wirkung des körpereigenen Oxytocins herabsetzt. Künstliches Oxytocin kann man im Internet bestellen. Jeder kann also im Neurotransmittersystem von sich selbst, seinem Partner oder eben seinem Hund herumpfuschen. Es sollte aber mittlerweile klar sein, dass das Irrsinn ist.

KASTRATION UND ANGST

Man findet häufig die Aussage, dass eine Kastration bei einem Angsthund die Angst noch zusätzlich verstärkt. Vertreter dieser These argumentieren, dass Angst oder Panik cortisolgesteuerte Prozesse sind. Das Geschlechtshormon Testosteron hemmt die Ausschüttung von Cortisol. Nach einer Kastration würde dann die hemmende Wirkung des Testosteron entfallen und der Hund hätte mehr Angst als zuvor. Ich mag zwar pragmatische Ansätze, aber dieser Zusammenhang erscheint mir zu einfach. Betrachtet man allein die Grafik auf Seite 48, welche Neurotransmitter und/ oder Hormone welcher Emotion zugeordnet sind, erkennt man die Komplexität der Materie.

Die Zusammenhänge von Ursache und Wirkung sind zu wenig erforscht, als dass man die obige Annahme, Kastration verstärke die Angst, so treffen kann. So wie noch nicht bekannt ist, wann und wie Oxytocin wirkt, kann man die Auswirkung einer Kastration auf das Verhalten zum heutigen Zeitpunkt nicht exakt vorhersagen. Neben den Geschlechtshormonen gibt es noch eine Vielzahl anderer externer Faktoren, die das Regelsystem der Neurotransmitter und Hormone beeinflussen. Sichere Erkenntnisse wird es hier wohl erst in den kommenden Jahren geben.

Die Kastrationsstudie von Dr. Michael Lehner und Clarissa von Reinhardt (Lehner, M. & C. v. Reinhardt 2013) konnte keinen signifikanten Zusammenhang zwischen Kastration und Angst zeigen. Von 64 Rüden hat sich bei 16 Rüden die Angst nach der Kastration reduziert. Bei den anderen (51,56 %) gab es keine Veränderung. Bei den Hündinnen ist die Quote etwas besser, aber ebenfalls nicht signifikant.

Ist das Angstverhalten/ die Unsicherheit nach der Kastration zurückgegangen?
Rüden: 64 = 12,9 % aller Rüden
Ja = 16 Hunde = 25 %
Nein = 33 Hunde = 51,56 %
Teilweise = 15 Hunde = 23,44 %
Hündinnen: 53 = 8,48 % aller Hündinnen
Ja = 20 Hunde = 37,74 %
Nein = 20 Hunde = 37,74 %
Teilweise = 13 Hunde = 24,53 %

Mit den Studien ist es aber so eine Sache. Kaum mag man einer Studie Glauben schenken, kommt eine andere und man kommt wieder ins Grübeln. So zeigt die Studie von Christine Zink: „Evaluation of the risk and age of onset of cancer and behavioral disorders in gonadectomized Vizslas" – basierend auf Daten von 2505 Vizslas –, dass bei früh kastrierten Vizslas die Gewitterangst deutlich häufiger vorkam als bei nicht kastrierten Tieren (Chr. Zink et al. 2014). Was definitiv nicht zu empfehlen ist, ist die standardmäßige Kastration beim zweiten Tierarzttermin. Der Hund sollte sich erstmal eingewöhnen und mehr Sicherheit gewinnen, um Operation und Nachsorge bestmöglich verkraften zu können. Ausnahmen sind natürlich medizinisch zwingend erforderliche Operationen.

Unsinnig ist die Verallgemeinerung, die Kastration verstärke die Angst. Dies ist nach heutigem Wissensstand nicht haltbar und verunsichert die Halter, ohne belegt zu sein. Nach der Studie von Dr. Lehner und v. Reinhardt ist eher anzunehmen, dass dies nicht der Fall ist. Bei der Frage, ob Ihr Hund kastriert werden sollte oder nicht, sollten vor allem gesundheitliche Aspekte und hormonell gesteuerte Verhaltensweisen, die verändert werden sollen, eine Rolle spielen. Es ist aber auch nicht davon auszugehen, dass die Kastration per se eine positive Entwicklung auf das Wesen des Angsthundes haben wird. Eine Kastration ist und bleibt eine Einzelfallentscheidung, die jeder nach bestem Wissen und Gewissen treffen sollte.

Für die Zukunft bleibt, die Forschungsergebnisse rund um die Kastration weiter zu verfolgen. Gut gefällt mir in diesem Zusammenhang das Zitat von Tierarzt Dr. Ralph Rückert, der Prof. Dr. Börne aus dem Münsteraner Tatort-Team zitiert: *„Feste Überzeugungen sind was für schlechte Ärzte, Heilpraktiker und Taxifahrer!"* (http://www.tierarzt-rueckert.de/blog/details.php?Kunde=1489&Modul=3&ID=18951) Ändern sich die Ergebnisse in den nächsten Jahren, müssen wir möglicherweise auch andere Entscheidungen treffen. Heute können wir nur mit bestem Wissen und Gewissen nach dem heutigen Informationsstand handeln.

Der entlaufene Angsthund

Selbstverständlich sollten Sie vor der Übernahme des Hundes alle Maßnahmen ergreifen, die, wenn irgend möglich, verhindern, dass Ihr Hund entläuft und voller Angst durch die Gegend irrt. Insbesondere die folgende Checkliste sollten Sie durchdacht und kontrolliert haben:

- Ist der Gartenzaun sicher? Das bedeutet, er muss hoch genug sein, dass der Hund nicht darüber springen kann, tief genug am Boden verankert, dass er nicht drunter durchschlüpfen kann und stabil genug, dass er ihn nicht einfach umrennt, wenn er eine Angstattacke hat. Außerdem sollten Sie den Zaun gründlich dahingehend untersuchen, dass er keine Schlupflöcher hat. Ein noch so kleines Loch im Zaun kann fatale Auswirkungen haben. Wie oft schon habe ich bei der Suche nach Angsthunden geholfen, deren Halter sagten: „Wir hätten nicht gedacht, dass er da durch kommt."

- Haben Sie mit allen Familienmitgliedern besprochen, dass die Haustüre niemals offen stehen darf, nicht mal für einen kleinen Moment? Eine Kollegin von mir half bei der fünftägigen Suche nach einer Maremmahündin, deren Halter die Haustür offen ließ, weil er „doch nur schnell zur Garage gehen wollte". Alle Familienmitglieder müssen darauf achten, dass solche Unachtsamkeiten nicht passieren.

- Denken Sie daran, nur mit Dreipunkt-Geschirr oder zusätzlichem Sicherungshalsband spazieren zu gehen.

- Lassen Sie niemals zu, dass ein Freund oder Bekannter mit Ihrem Angsthund spazieren geht, ganz gleich, wie sehr dieser versichert, sich bestens mit Hunden auszukennen. Meist haben übrigens die, die dies am überzeugendsten behaupten, die wenigste Ahnung... Erst kürzlich lief einem nach eigenen Angaben sehr erfahrenen Gassigeher in einem Tierheim ein Angsthund davon, weil der Gassigeher in einer angstauslösenden Situation falsch reagiert hatte. Es dauerte sechs Tage, ehe es gelang, den Hund wieder einzufangen.

- Nehmen Sie Ihren Hund immer an die Leine, wenn Sie ihn zum Auto führen, selbst wenn der Weg vom Gartentürchen bis zum Parkplatz oder zur Garage nur wenige Meter beträgt. Haben Sie auch hier immer das Sicherungshalsband und/ oder das Dreipunktgeschirr am Hund.

Trotz aller Vorsichts- und Sicherheitsmaßnahmen kann es passieren, dass ein Angsthund entkommt. Manche Hunde schaffen es, durch eine Katzenklappe zu flüchten. Trotz doppelter Sicherung schlüpft der Hund wie Houdini aus Halsband und Brustgeschirr. Der befestigte GPS-Sender ist damit auch nicht mehr am Hund und was folgt, ist eine furchtbare Zeit des Wartens und Suchens.

In der Regel gibt es zwei Möglichkeiten: In seinem Schock rennt der Hund Kilometer um Kilometer, bis er wieder zu sich kommt und sich erst einmal verkriecht, um sich auszuruhen und Kräfte zu sammeln. Oder man hat das Glück, dass er sich gleich in der Nähe des Unglücksortes verkriecht, sich also zumindest nicht weit entfernt. Die Hunde verstecken sich dabei aber meistens so gut, dass man sie kaum entdecken kann – wenn überhaupt, dann nur mit sehr viel Glück.

Da man in der Regel sehr aufgeregt ist, wenn einem dieses Unglück passiert, sollten Sie sich schon jetzt eine Checkliste machen, was im Fall der Fälle zu tun ist, damit nicht wertvolle Zeit mit eher unkoordinierten und chaotischen Maßnahmen verstreicht. Folgende Punkte haben schon oft geholfen, den entlaufenen Hund wieder zu bekommen:

- Sie sollten Ihr Auto an der Stelle parken und mit weit offener Tür stehen lassen, an der Ihr Hund entlaufen ist. Wenn Ihr Hund das Auto bereits als Sicherheitszone kennengelernt hat, kann es sein, dass er bei einer ruhigen Gelegenheit (und deshalb oft nachts) zum Ausgangsort zurückkommt und ins offene Auto springt. Sollten Sie im Auto sitzen, während er sich nähert, sprechen Sie ihn keinesfalls an, sondern warten Sie ruhig ab, bis er drinnen ist und schließen Sie dann ruhig die Tür. In einem mir bekannten Fall kam der Hund am fünften Tag zum Auto, geben Sie also nicht zu schnell auf mit dieser Strategie.

- Ist der Abgangsort mit dem Auto nicht zu erreichen oder würde der Anblick des Autos Ihren Hund eher erschrecken, legen Sie seine Decken mit dem vertrauten Geruch dort hin. Ist der Abgangsort in unmittelbarer Nähe Ihres Zuhauses, können Sie auch eine Geruchsspur mit zerschnittenen Teilen seiner Decke auf den Weg legen, der nach Hause führt. Im Idealfall haben Sie einen Zweithund, mit dem Sie die Strecke vom Abgangsort nach Hause ablaufen, so dass sich Ihr Angsthund an den Spuren orientieren kann.

- Bei Ihnen zu Hause muss unbedingt das Gartentürchen und die Haus- und/oder Terrassentür offen sein, so dass Ihr Hund auch wirklich rein kann, falls er den Weg bis dahin geschafft hat. Sollte eine dem Hund vertraute Person anwesend sein, während er nach Hause

kommt, sollte diese ihn nicht ansprechen („Da bist Du ja wieder!"), sondern ihn in aller Ruhe reinkommen lassen und dann ebenso ruhig die Türen schließen. Wird der Hund zum Beispiel auf der Terrasse oder im Garten angesprochen, während er noch im Lauf ist, kann das seine erneute Flucht auslösen.

- Informieren Sie die Tierärzte der Umgebung, die nächstgelegenen Tierheime, die Polizei und je nach Umgebung auch die Jägerschaft. Erklären Sie die Situation Ihres Hundes und bitten Sie darum, sofort verständigt zu werden, falls Ihr Hund gesichtet wird.

- Ebenso sollten Sie Ihren entlaufenen Hund sofort beim Zentralen Haustierregister TASSO e.V. melden, bei dem er hoffentlich registriert ist. Sollten Sie sich beim Lesen dieser Zeilen nicht sicher sein, ob Ihr Hund dort registriert ist, überprüfen Sie das jetzt, nicht erst im Fall der Fälle.

- Hängen Sie Plakate mit dem Foto Ihres Hundes und einer Telefonnummer auf, unter der Sie auch zuverlässig erreichbar sind. Leider habe ich schon mehrfach die Erfahrung gemacht, dass ein entlaufener Hund gesichtet wurde und auf dem Handy des Halters über Stunden nur die Mailbox lief. Bis ich den Halter endlich erreicht hatte, war der Hund längst wieder weg.

Eventuell sollten Sie in den sozialen Medien wie Facebook usw. posten, dass Ihr Hund entlaufen ist und gesucht wird.

! WICHTIG: Weisen Sie bei all diesen Maßnahmen aber unbedingt darauf hin, dass es sich bei Ihrem Hund um einen Angsthund handelt, der bei Sichtung keinesfalls angesprochen werden soll-

te, weil dies nur eine erneute Flucht auslösen wird. Ebenso sollten jegliche Versuche, den Hund einzufangen, unterbleiben! Ihr Hund ist sowieso schon in Alarmbereitschaft und auf der Flucht. Sollte er dabei auch noch herumgescheucht oder zum Einfangen herumgejagt werden, wird er sich nur umso weiter entfernen oder in entlegenere Gegenden zurückziehen, in denen er evtl. nie wieder gefunden wird.

Deshalb ist es bei entlaufenen Angsthunden auch eher kontraproduktiv, Suchtrupps mit vielen Menschen zu organisieren. Hat der Hund sich in der Nähe versteckt und plötzlich laufen fünf bis zehn Personen in der Umgebung herum, die laut seinen Namen rufen, wird er sein Versteck nicht verlassen oder schlimmstenfalls doch, um zu flüchten. Wenn jemand die Gegend nach dem Hund absucht, sollten es Personen sein, die der Hund kennt und die sich ruhig und besonnen verhalten.

Meist verkriechen sich die Hunde für ein bis zwei Tage völlig, ehe sie den ersten Schockzustand überwinden und wieder in Bewegung kommen. Oftmals bleiben sie dann aber in einem Radius von ca. fünf Kilometern. Verlassen können Sie sich darauf freilich nicht, genau Ihr Hund könnte viel weiter laufen – aber es ist ein Erfahrungswert.

Die meisten Angsthunde verkriechen sich tagsüber und schlafen, während sie nachts herumlaufen, wenn es ruhiger ist und sie durch weniger Außenreize gestört werden.

Deshalb hat sich die Suche mit Nachtsichtgeräten als hilfreich erwiesen, wenn man auf Sichtung hofft.

Wird der Hund tatsächlich gesichtet, rufen Sie ihn nicht zu sich! Ihr Hund ist vollkommen instinktgesteuert im Fluchtverhalten – jeder Außenreiz, auch eigentlich vertraute Stimmen oder Personen, lösen mit hoher Wahrscheinlichkeit eine weitere Flucht aus. Folgende Strategien haben sich als erfolgreich erwiesen:

Setzen Sie sich in großer Entfernung hin, so dass Sie Ihren Hund beobachten können – und er Sie auch. Lassen Sie ihm erst einmal die Zeit, sich wieder an Ihre Anwesenheit zu gewöhnen. Der Hund einer Kundin von mir wurde nach vier Tagen gesichtet. Sie saß einen ganzen Tag lang in einer Entfernung von ca. 200 Metern bei dem Maisfeld, in das er sich zurückgezo-

gen hatte. Während dieses Tages kam ihr Hund immer mal wieder raus, beobachtete sie, verschwand wieder, kam wieder raus, legte sich auf die angrenzende Wiese, beobachtete sie usw. Am zweiten Tag rückte sie etwa alle zwei Stunden ca. 25 Meter näher an das Feld heran, wobei sie sich nur bewegte, wenn der Hund das nicht sah. Hätte er beobachtet, wie sie aufsteht und in seine Richtung geht, wäre er sicher geflüchtet. Am dritten Tag arbeitete sie sich so nahe an ihn heran, dass sie ihn am Nachmittag quasi neben sich sitzen hatte, die Distanz zwischen Hund und Halterin betrug nur noch etwa 40 Zentimeter. Durch diesen Erfolg angespornt, sprach die Halterin ihren Hund sehr sanft und leise an, worauf er sofort für Stunden im Maisfeld verschwand! Am fünften Tag hatte sie sich wieder bis auf wenige Zentimeter an ihn heran gearbeitet, sprach ihn nicht mehr an, sondern fing an, ihn vorsichtig zu streicheln. Innerhalb von zwei bis drei Stunden ließ er sich mehrfach von ihr streicheln und lief auch nicht weg, wenn sie damit aufhörte. Dann schließlich streichelte sie ihn und nahm ihn anschließend einfach auf den Arm und trug ihn zum Auto, was er ruhig mit sich geschehen ließ. Sie sprach kein Wort mit ihm, sondern machte all das mit großer Ruhe. Der Hund wog übrigens über 30 kg und der Weg vom Maisfeld bis zum Auto betrug mind. 250 Meter! Hinterher sagte die Halterin, sie wüsste nicht, wie sie das geschafft hätte und sie könnte auch nicht erklären, woher sie wusste, dass jetzt der Augenblick gekommen war, ihn einfach aufzuheben und weg zu tragen. Sie ging ganz nach ihrem Bauchgefühl und es klappte.

Ein anderer Weg besteht darin, einen mit dem Angsthund vertrauten und befreundeten Hund zu holen und die beiden Hunde kontakten zu lassen. Der Anblick von Artgenossen löst nicht das gleiche Fluchtverhalten aus wie der von Menschen. Lassen Sie den Hunden mehrere Minuten Zeit, miteinander zu sein. Oft kann man in solchen Situationen beobachten, wie der befreundete Hund herumläuft und der Angsthund ihm folgt. Dann erst sprechen Sie den befreundeten Hund ruhig und sanft an und holen Sie ihn damit Stück für Stück näher zu sich. Mit etwas Glück läuft der Angsthund mit und springt zum Beispiel mit ins bereitgestellte Auto oder lässt sich mit sehr ruhigen und bedachten Bewegungen anleinen.

Ist dies nicht der Fall, hilft manchmal auch ein beherzter Sprung zum Hund, so dass man ihn überrumpeln, festhalten und einfangen kann. In diesem Fall müssen Sie aber damit rechnen, dass er evtl. mit heftigen Abwehrreaktionen reagiert und umso scheuer wird, wenn Sie ihn nicht wirklich haben und ihm nochmals die Flucht gelingt! In zwei mir bekannten Fällen hat es so geklappt, eine grundsätzliche Empfehlung, so zu handeln, würde ich aber natürlich nicht aussprechen. In dem einen Fall befand sich der Hund direkt neben der Autobahn, im anderen war der Hund im Begriff auf die Bahngleise zu laufen, während sich ein Zug näherte. Der verzweifelte und beherzte Sprung der jeweiligen Halter rettete beiden Hunden wahrscheinlich das Leben. Wäre es schief gegangen, wären sie sicher beide entweder ums Leben gekommen oder noch misstrauischer geworden.

Leider passiert es immer wieder, dass trotz des Hinweises auf Suchplakaten, bei der Polizei und ehrenamtlichen Helfern der Hund bei Sichtung doch gerufen

oder sogar verfolgt wird, weil die Helfer oder die Halter versuchen, ihn einzufangen. Dabei wird er gehetzt und in die Enge getrieben – eine Katastrophe bei einem Angsthund!

Aus diesem Grund sind die Veröffentlichungen in den sozialen Medien oder auch das Aufhängen von Suchplakaten bei einem Angsthund sehr genau zu überlegen. Ein Vorteil ist sicher, dass Sie so sehr schnell viele Leute erreichen, die Sie bei Sichtung informieren können. Der Nachteil ist eine mögliche Hetzjagd, die die Situation noch verschlimmert.

In der Zeit des Wartens und dem damit verbundenen Gefühl der Hilflosigkeit können Sie doch noch etwas tun. Konzentrieren Sie sich auf Ihren Hund und vermitteln Sie ihm dabei so viel Ruhe und Zuversicht wie möglich. Zeigen Sie ihm in Gedanken den Weg nach Hause. Fühlen Sie sich dazu nicht in der Lage, kann Ihnen ein seriös arbeitender Tierkommunikator helfen.

Ist der Hund länger verschwunden, kann es leider passieren, dass er recht schnell „verwildert" und immer scheuer wird. Haben Sie dann das Glück, dass Sie über Sichtungen seinen ungefähren Aufenthaltsort kennen, können Sie versuchen, ihn dort anzufüttern und wieder zu sich zu locken. Dieser Prozess dauert aber meist Tage oder Wochen. Sie brauchen Geduld!

Leider gibt es die Fälle, bei denen auch das nicht mehr funktioniert. Große Lebendfallen können dann helfen, den Hund einzufangen. Ist dieser Punkt erreicht, sollten Sie sich professionelle Unterstützung holen.

Auch Narkosen mit einem Blasrohr kommen manchmal zum Einsatz, ebenso wie ausgelegte Fleischköder mit Schlafmitteln. Beides hat allerdings auch einen großen Nachteil: Sowohl die Narkose als auch das Schlafmittel wirken nicht sofort! Es könnte also passieren, dass Ihr Hund noch Kilometer weit läuft, ehe er bewusstlos zusammenbricht und dann schutzlos herumliegt. Deshalb sind diese beiden Methoden nur geeignet, wenn Ihr Hund sich in einem geschlossenen Areal wie zum Beispiel einer Scheune oder einem Garten verschanzt hat und nicht mehr raus kommt oder ein zuverlässig arbeitender Suchhund direkt vor Ort ist, der die Spur Ihres Hundes unverzüglich (also frisch!) aufnimmt und verfolgt.

Das Entlaufen eines Angsthundes gehört zu den schrecklichsten Momenten eines verantwortungsvollen Halters. Dennoch kann es jedem passieren, selbst wenn man zuvor versucht hat, alle Eventualitäten auszuschließen. Vorwürfe jeglicher Art sind hier fehl am Platz, der Mensch, der den Hund verloren hat, macht sich selbst genug davon.

Umso glücklicher ist aber der Moment, an dem Sie Ihren Hund wieder haben und unvergleichlich ist der Vertrauensbeweis, wenn Ihr Hund von sich aus zu Ihnen zurückkommt und sich für ein Leben mit Ihnen entscheidet.

Angst macht das Leben aus

Für mich ist das Hochgefühl, das sich einstellt, wenn man eine Angst überwunden hat, unvergleichlich. Egal, ob bei Hund oder Mensch. Die Stärke, die daraus resultiert, macht das Leben aus. Der Weg dorthin ist oft mühsam, aber er hat sich immer gelohnt. Wir leben heute mit einigen glücklichen Viechern und ich möchte kein einziges missen. Spaß und Lebensfreude bestimmen unser Leben – nicht mehr die Angst.

Ich wünsche Ihnen, liebe Leser, von Herzen einen kleinen oder großen Angsthasen, der Ihr Leben bereichert.

„...I'll pick you up when you're feeling down
I'll put your feet back on solid ground
I'll pick you up and I'll make you strong
I'll make you feel like you still belong
Cause it's alright, yeah it's alright
let me make it alright, make it alright."

aus „Alright" von Reamon

Danksagung

Meine Familie hat dafür gesorgt, dass ich so hartnäckig in der Informationsbeschaffung bin, alles lese, alles hinterfrage und gerade Sätze schreiben kann. Danke.

Martin hat unsere Angsthunde gemeinsam mit mir begleitet – ohne ihn geht es nicht. Er bekocht mich, wenn ich schreibe, mault nicht, wenn jetzt Minischweine oder Hühner unsere Familie bereichern und ist einfach das Beste, was mir je passiert ist. Danke!

Danke an Murmel, Tine, Nisha, Jamie, Lila, Lukki, Cesar, Noah, Jesse, Finn und Duffy.

Danke an alle Kunden und ihre Hunde. Für Euer Vertrauen und unvergleichliche Momente im Training.

Ein ganz besonderer Dank an adopTIERE e.V. und das Tierheim Aidar für die Fotos von Angsthunden.

Und bevor ich jetzt jemanden vergesse: Danke an alle Menschen, die Geduld mit mir und diesem Buch hatten ☺. Ihr wisst, wer gemeint ist.

Literaturverzeichnis

Bücher

Bekoff, M.: Das Gefühlsleben der Tiere. animal learn Verlag, 2008.

Birmelin, I.: Macho oder Mimose: So erkennen Sie die Persönlichkeit Ihres Hundes und schaffen eine innige Bindung. GU-Verlag, 2014.

Bradshaw, J.: Hundeverstand. Kynos Verlag, 2013.

Carter, R.: Gehirn und Geist: Eine Entdeckungsreise ins Innere unserer Köpfe. Spektrum, 2012.

Enders, G.: Darm mit Charme: Alles über ein unterschätztes Organ. Ullstein Verlag, 2014.

Falconer-Taylor, R., Neville, P. & V. Strong: Emotionen einschätzen, Hunde verstehen. SitzPlatzFuss, Cadmos Verlag, 2013.

Görblich, Th.: Was Hunde denken: Alles, was Sie über das Innenleben der Vierbeiner wissen müssen. mvg verlag, 2010.

Hallgren, A.: Rückenprobleme beim Hund. animal learn Verlag, 2003.

Hallgren, A.: Stress, Angst und Aggression bei Hunden: Vorbeugen und abbauen. SitzPlatzFuss, Cadmos Verlag, 2011.

Handelmann, B.: Hundeverhalten: Mimik, Körpersprache und Verständigung. Kosmos, 2010.

Hense, M. & C. Sondermann: Perspektivwechsel: Positive Psychologie für Hunde. Cadmos Verlag, 2014.

Horowitz, A.: Was denkt der Hund? Wie er die Welt wahrnimmt – und uns. Spektrum Verlag, 2010.

Hüther, G.: Biologie der Angst. Vandenhoeck & Ruprecht, 9. Auflage 2009.

Kvam, A. L.: Spurensuche: Nasenarbeit Schritt für Schritt. animal learn Verlag, 2005.

Leeds, J. & S. Wagner: Mit den Ohren eines Hundes: Über den Einsatz von Musik und Klang zur Verbesserung der Gesundheit und des Verhaltens Ihres Hundes. animal learn Verlag, 2009.

Lehner M. & C. v. Reinhardt: Kastration & Sterilisation beim Hund. animal learn Verlag, 2013.

Ochsenbauer, U. & S. Hauswirth: TCM - Traditionelle Chinesische Medizin für Hunde: Heilen nach den fünf Elementen. Kosmos, 2010.

O´Heare, J.: Die Neuropsychologie des Hundes. animal learn Verlag, 2009.

Pilguj, S.: Dog Reläx: Entspannter Mensch – Entspannter Hund. Müller Rüschlikon, 2009.

Range, F.: Wie denken Tiere? Faszinierende Beispiele aus dem Tierreich. Wirtschaftsverlag Ueberreuter, 2009.

Reinhardt, R.: Neuroleadership. De Gruyter, Oldenbourg, 2014.

v. Reinhardt, C.: Leinenaggression. animal learn Verlag, 2008.

v. Reinhardt, C. & M. Scholz: Calming Signals Workbook. animal learn Verlag, 2004.

Rütter, M.: Angst bei Hunden. Kosmos, 2008.

Rugaas, T.: Calming Signals: Die Beschwichtigungssignale der Hunde. animal learn Verlag, 2001.

Scholz, M. & C. v. Reinhardt: Stress bei Hunden. animal learn Verlag, 5. neu überarbeitete Auflage, 2012.

Sondermann, C.: Einfach Schnüffeln! Nasenspiele für den Hundealltag. Ulmer Verlag, 2011.

Sondermann, C.: KauSpielSpaß für Hunde: Leckere Beschäftigungsideen einfach selbst gemacht. Ulmer Verlag, 2014.

Stewart, G.: Behavior Adjustment Training: BAT for Fear, Frustration and Aggression in Dogs. 2012.

Strodtbeck, S. & U. Gansloßer: Kastration und Verhalten beim Hund. Müller Rüschlikon, 2011.

Tellington-Jones, L.: Tellington-Training für Hunde: Neue Wege zur Verständigung mit Ihrem Hund. Kosmos, 1999.

Tschentscher, J. & C. v. Reinhardt: Glücksmomente – Vier Pfoten und zwei Beine auf der Suche nach dem Glück. animal learn Verlag, 2012.

Wehrenberg, M.: Die 10 besten Strategien gegen Angst und Panik: Wie das Gehirn uns Stress macht und was wir dagegen tun können. Beltz, 2012.

Westedt, H.: Schreck lass nach: Der Einfluss von Stress und Angst auf Gehirn und Verhalten. Cumcane, 2013.

Zeitungsartikel

Diaz, B. G. & K. J. Ressler: Parental olfactory experience influences behavior and neutral structure in subsequent generations. Nature Neuroscience, 01/2014: 89–96.

Falconer-Taylor, R.: Die Rolle von Medikamenten in der Hundeverhaltenstherapie. SitzPlatzFuss 16/2014: 13–21.

Fossat P. et al.: Anxiety-like behavior in crayfish is controlled by serotonin. Science, 06/2014.

Kalin, N.: Neurobiologie der Angst. Spektrum der Wissenschaft 7, 1993.

Knocks-Münchberg, A.: Naturheilkunde bei gestressten Hunden. SitzPlatzFuss, Ausgabe 18, 2015.

Kraft, U.: Der Angst auf den Fersen. Bild der Wissenschaft, 07/2007.

Matthews, N.: Verhaltensstörungen und Therapie im Überblick. SitzPlatzFuss, Ausgabe 4.

Ortho-Analytic AG, Fachbroschüre 28: Stresshormone und Neurotransmitter.

Panksepp, J.: Affective consciousness: Core emotional feelings in animals and humans. Consciousness and Cognition 2005a./14: 30–80.

Panksepp, J.: On the embodied neural nature of core emotional affects. Journal of Consciousness Studies 2005b/12: 158–184.

Patientenratgeber der hexal AG: Angststörungen.

Rolf, C. F.: Depressionen beim Hund. SitzPlatzFuss, Ausgabe 16, 2014.

Strodtbeck, S.: Stress beim Hund: Reaktionstypen und Stressfolgen. WUFF, 10/11: 14–19.

Strodtbeck, S.: Stress beim Hund: Gegenmaßnahmen. WUFF, 11/11: 14–21.

Thorbrietz, P., Hartmann, E., Sanides, S. & C. Gottschling: Nur Mut. Focus 20/2103.

Zak, P. J.: Die Neurobiologie des Vertrauens. Spektrum der Wissenschaft, 04/2009: 40–46.

Zink, M. C., Farhoody, P., Elser, S. E., Ruffini, L. D., Gibbons, T. A. & R. H. Rieger: Evaluation of the risk and age of onset of cancer and behavioral disorders in gonadectomized Vizslas. Journal of the American Veterinary Medical Association; February 1, 2014, Vol. 244, No. 3, Pages 309–319.

Webseiten:

http://www.beardie-special.de/initiative/M1.htm

http://dasgehirn.info

- „Der Schaltkreis der Angst", Hanna Dirmalla, 08.2011
- „Das Fürchten lernen", Hanna Dirmalla, 04.2012
- „Furcht sichert unser Überleben", Kai Kupferstein, 08.2011
- „Neurotransmitter – Botenmoleküle im Gehirn", Ulrich Pontes, 04.2012
- „Was sind Emotionen?", Ulrich Pontes, 09.2011
- „In der Spinnengrube", Stefanie Reinberger, 01.2012

http://www.lead-conduct.de/2014/02/02/empathy-map/ Stefan Bornemann: Die Kunden verstehen: Empathy Map hilft! 02.02.2014.

https://www.paracelmed.com/de/wirkstofflexikon/detail.asp?id=437&tit=L-Theanin

https://www.royal-canin.at/gesundheit/angst-bei-tieren/die-therapiemoeglichkeiten/

http://www.tierarzt-rueckert.de/blog/details.

php?Kunde=1489&Modul=3&ID=18951
http://www.welt.de/130360396

http://www.wuff.at/cms/Training-mit-Angsthund.1991.0.html

Bestseller

Calming Signals

Die Beschwichtigungssignale der Hunde

Turid Rugaas

Wie ihre Vorfahren, die Wölfe, leben Hunde in Familienverbänden, die über ein fein abgestuftes Kommunikationssystem zur gegenseitigen Verständigung verfügen. Ihr Sozialverhalten ist zu einem wesentlichen Teil durch Strategien zur Konfliktvermeidung innerhalb des Rudels bestimmt. Forschungen beschreiben bestimmte Merkmale ihrer Körpersprache als „cut off signals". Sie dienen dazu, Aggressionen zu stoppen oder gar nicht erst aufkommen zu lassen. Lange Zeit glaubte man, dass diese Signale im Verhaltensrepertoire von Hunden nicht zu finden seien.

Turid Rugaas, eine der weltweit angesehensten Hundetrainerinnen, bewies das Gegenteil. Sie hat über zwanzig Jahre lang diese Phänomene bei Hunden beobachtet und mit dem Begriff der „Beschwichtigungssignale" einer breiten Öffentlichkeit zugänglich gemacht. In diesem Buch erklärt sie, warum, wann und wie Beschwichtigungssignale von Hunden eingesetzt werden.

Ebenso beschreibt sie, wie wir Menschen die Signale erkennen, deuten und sogar selbst einsetzen können. So wird es jedem möglich, zu einem besseren Verständnis seines eigenen, aber auch fremder Hunde zu gelangen.

Hardcover, 104 Seiten, mit zahlreichen
Farbfotos und Fallbeispielen
ISBN: 978-3-936188-01-1

Calming Signals Workbook

Clarissa v. Reinhardt, Martina Scholz

Die Norwegerin Turid Rugaas erforschte die Beschwichtigungssignale der Hunde und machte sie durch ihr gleichnamiges Buch und Vorträge in aller Welt bekannt. Clarissa v. Reinhardt und Martina Scholz erklären, wie Hundebesitzer diese Signale einsetzen können, um eine vertrauensvolle und von gegenseitigem Verstehen getragene Beziehung zu ihrem Partner auf vier Pfoten aufzubauen.

Ausführlich beschrieben und mit zahlreichen Fotos veranschaulicht stellen sie erfolgreiche Trainingsprogramme zum Grundgehorsam und zur Veränderung unerwünschter Verhaltensweisen vor.

Grundlage ihrer Arbeit ist die Überzeugung, dass Hund und Mensch bei aller Unterschiedlichkeit auch viele Gemeinsamkeiten haben. Beide empfinden Trauer, Freude, Sympathie, Antipathie, Angst und Liebe – und beide haben das Recht, rücksichtsvoll, fair und mit Respekt behandelt zu werden.

Aus dem Inhalt:

- Von der Achtsamkeit im täglichen Miteinander
- Der Einsatz der Beschwichtigungssignale im Training
- Körpersprache und Stimme richtig eingesetzt
- Verhaltensänderung erwünscht – mein Hund soll umlernen
- Grundlagen zum Training zur Verhaltenskorrektur
- Angst, Aggression und Stress
- Großhirnrinde und limbisches System
- Ursachen finden, statt Symptome zu bekämpfen
- Das „Changing the Association"-Programm als Schlüssel zum Trainingserfolg

... und vieles mehr!

Hardcover, 112 Seiten, mit zahlreichen farbigen Abbildungen, ISBN: 978-3-936188-13-4

Stress bei Hunden
mit einem Vorwort von Anders Hallgren

Komplett neu überarbeitet und erweitert!

Martina Scholz, Clarissa v. Reinhardt

Stress bei Hunden – ein Thema, das immer mehr an Bedeutung gewinnt. Die Autorinnen zeigen in ihrem Buch, dass Stress nicht nur bei Menschen, sondern auch bei Hunden die Lern- und Konzentrationsfähigkeit erheblich beeinflusst und sogar zu Verhaltensauffälligkeiten und Krankheiten führen kann.

Das Buch behandelt u.a. folgende Themen:

- Definition: was ist eigentlich Stress?
- Stressfaktoren – wodurch wird Stress beim Hund ausgelöst?
- Anzeichen und Auswirkungen von Stress
- Möglichkeiten, Stress abzubauen und zu vermeiden

Anhand von Fallbeispielen zeigen uns Martina Scholz und Clarissa v. Reinhardt, wie wichtig der Aspekt Stress im täglichen Umgang mit dem Hund ist und was wir tun können, um Konfliktsituationen zu entspannen oder zu vermeiden.

Hardcover, 152 Seiten, mit zahlreichen Farbfotos und Fallbeispielen
ISBN: 978-3-936188-04-2

Auch als **E-Book** erhältlich!

„Dieses Buch kann jedem Hundefreund viele nützliche Hinweise geben, erste Anzeichen von krankmachendem Stress rechtzeitig zu erkennen und gezielt entgegenzuwirken. Sehr oft stehen wir Menschen selbst unter so hohem Druck, dass wir die Signale unserer Hunde einfach übersehen.
Das Anti-Stress-Programm von Martina Scholz und Clarissa v. Reinhardt zeigt aus der Sicht der Hunde, wie wir unseren Vierbeinern dabei helfen können, die vielfältigen Anforderungen unserer Zeit bestmöglich zu bewältigen. „Stress bei Hunden" ist einfach ein Muss in der Bibliothek eines jeden Hundefreundes."

Andrea Specht,
WUFF, Das Hundemagazin

Dog Writers Association of America
2007 Annual Writing Competition
Presents this Certificate of Nomination to
Clarissa von Reinhardt
Stress in Dogs
For excellence in the category of
Books: Care and Health
President
Competition Chair

„Stress bei Hunden"/ „Stress in Dogs" wurde 2007 von der Dog Writers Association of America ausgezeichnet als „Buch des Jahres" in der Kategorie „Care and Health"

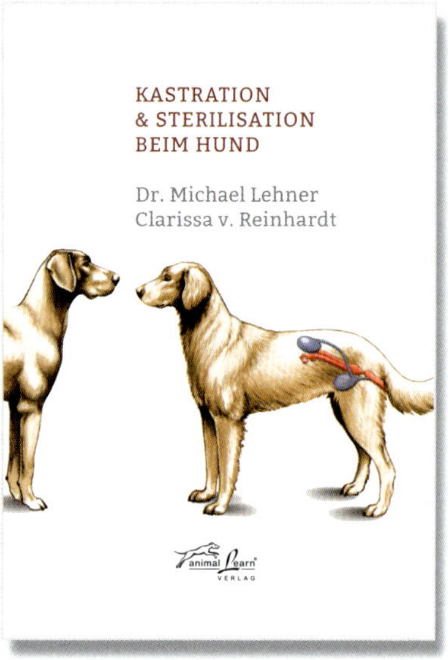

Kastration & Sterilisation beim Hund

Dr. Michael Lehner, Clarissa v. Reinhardt

Kaum ein Thema wird so kontrovers und emotionsgeladen diskutiert wie das der Kastration/ Sterilisation des Hundes. Während die einen die Unfruchtbarmachung per Operation kategorisch ablehnen und sogar von Tierschutzrelevanz und Gesetzesbruch reden, sind andere felsenfest davon überzeugt, dass dieser Eingriff der einzig wahre ist, wenn es um Geburtenkontrolle oder die Lösung von Verhaltensproblemen geht.

Dr. Michael Lehner und Clarissa v. Reinhardt, die seit mehr als 20 Jahren erfolgreich in der Tiermedizin, der Verhaltenstherapie und dem Tierschutz tätig sind, haben eine Studie zum Thema durchgeführt, deren Ergebnisse hier erstmals veröffentlicht werden und zahlreiche Theorien widerlegen, die in den vergangenen Jahren rund um das Thema Kastration/ Sterilisation aufgestellt wurden.

Weiterhin tragen sie in diesem Buch alle Informationen zum Thema zusammen, um dem interessierten und verantwortungsvollen Hundehalter einen umfassenden Einblick ins Thema zu geben, der die Basis für die Entscheidung pro oder contra Kastration/ Sterilisation bilden kann. Dabei erklären sie nicht nur Operationstechniken, Medikationen der sog. chemischen Kastration und der „Spritze danach" und Gründe für und wider die Kastration in Bezug auf Verhalten und Gesundheit, sondern scheuen sich auch nicht vor der Frage, ob dieser Eingriff in den Organismus eines uns anvertrauten Tieres ethisch zu rechtfertigen ist oder nicht – und kommen dabei zu interessanten Ergebnissen!

Hardcover, 136 Seiten,
mit zahlreichen farbigen Abbildungen
ISBN: 978-3-936188-63-9

Aus dem Inhalt:

- Die Gesetzeslage und der Tierschutz
- Die Geschlechtsorgane des Hundes
- Kastration und Sterilisation, Operationstechniken und Nachsorge
- Medizinische Indikationen für OE/ OHE/ Kastration
- Nicht operative hormonelle Eingriffe bei Rüde und Hündin
- Die Sexualhormone beim Hund und deren Regelung
- Die Kastrationsstudie 2012
- Die großen Irrtümer

... und vieles mehr!

Hunde achtsam führen

Über belohnungsbasiertes Training
und bedürfnisorientierten Umgang

Maria Rehberger

Immer mehr Menschen wünschen sich einen achtsamen, respektvollen und freundlichen Umgang mit ihrem Hund. Der Schwerpunkt der Erziehung hat sich in den letzten Jahren darauf verlagert, die Bindung zu vertiefen und Vertrauen aufzubauen, denn beides ist unbedingte Voraussetzung für eine positive und ausgeglichene Wesensentwicklung.

Maria Rehberger beschreibt in ihrem neuen Buch, wie man mit belohnungsbasiertem Training und bedürfnisorientiertem Umgang das Zusammenleben zwischen Mensch und Hund in diese Richtung lenken kann und welche Vorteile das hat. Dabei gibt sie auch zu bedenken, dass Hunde die vielen Erwartungen, die an sie gestellt werden, nicht immer und nicht alle erfüllen können und dass es an uns Menschen liegt, Möglichkeiten und Grenzen dessen, was man von ihnen verlangen kann, zu erkennen.

Hardcover, 184 Seiten, mit zahlreichen farbigen Abbildungen, ISBN 978-3-936188-78-3

Aus dem Inhalt:

- Was es heißt, Grenzen zu setzen
- Bedürfnisse von Hunden
- Hunde souverän im Alltag führen
- Grundlegendes zum Thema Lernen
- Nachteile eines strafbasierten Trainings
- Umgang mit unerwünschtem Verhalten
- Gemeinsam zum Trainingserfolg

...inkl. Audio-CD mit für Hunde entspannender Musik

Mit den Ohren eines Hundes

Über den Einsatz von Musik und Klang zur Verbesserung der Gesundheit und des Verhaltens Ihres Hundes

Joshua Leeds & Susan Wagner

Wahrscheinlich wissen Sie, dass das Gehör eines Hundes äußerst sensibel ist und dass Hunde um ein Vielfaches besser hören als der Mensch. Doch wussten Sie auch, dass Sie über Musik und Klang ein Umfeld schaffen können, das die Gesundheit und das Wohlbefinden Ihres Hundes verbessert und Heilungsprozesse beschleunigt?!

Der Psychoakustiker Joshua Leeds und die veterinärmedizinische Neurologin Susan Wagner erklären Ihnen in diesem Buch, wie das funktioniert. Anhand neuester wissenschaftlicher Forschungsergebnisse darüber, wie Hunde hören und auf welche Geräusche sie reagieren, haben Leeds und Wagner einen Schatz an praktischen Erfahrungen zusammengestellt, die das Leben unserer Freunde auf vier Pfoten entscheidend verbessern können.

Die Autoren bieten völlig neue Einblicke in die auditive Wahrnehmung unserer Hunde und laden zum eigenen Ausprobieren und Erleben in der Welt der Klänge und Musik ein. Hierfür ist dem Buch eine Musik-CD beigefügt, mit der in klinischen Tests 70% der Tierheimhunde und 85% der in einem Haushalt lebenden Hunde zu Entspannung und Ruhe fanden. In den USA ein Bestseller, jetzt endlich auch in deutscher Sprache erhältlich.

Hardcover, 152 Seiten, mit zahlreichen farbigen Abbildungen; ISBN: 978-3-936188-48-6